W0268579

Sitzungsberichte der Heidelberger Akademie der Wissenschaften

Mathematisch-naturwissenschaftliche Klasse

Die Jahrgänge bis 1921 einschließlich erschienen im Verlag von Carl Winter, Universitätsbuchhandlung in Heidelberg, die Jahrgänge 1922—1933 im Verlag Walter de Gruyter & Co. in Berlin, die Jahrgänge 1934—1944 bei der Weißschen Universitätsbuchhandlung in Heidelberg. 1945, 1946 und 1947 sind keine Sitzungsberichte erschienen. Ab Jahrgang 1948 erscheinen die „Sitzungsberichte" im Springer-Verlag.

Sitzungsberichte
der Heidelberger Akademie der Wissenschaften
Mathematisch-naturwissenschaftliche Klasse

———— Jahrgang 1969/70, 3. Abhandlung ————

Grothendieck- und Wittringe von nichtausgearteten symmetrischen Bilinearformen

Von

Manfred Knebusch

Mathematisches Institut der Universität des Saarlandes, Saarbrücken

(Vorgelegt in der Sitzung vom 15. November 1969 durch Friedrich Karl Schmidt)

Springer-Verlag Berlin Heidelberg New York 1970

ISBN-13: 978-3-540-05012-4   e-ISBN-13: 978-3-642-99987-1
DOI: 10.1007/978-3-642-99987-1

Inhaltsverzeichnis

Grothendieck- und Wittringe von nichtausgearteten symmetrischen Bilinearformen *

Manfred Knebusch

Mathematisches Institut der Universität des Saarlandes, Saarbrücken

Vorbemerkungen

Diese Arbeit besteht aus drei Teilen. In § 1—4 entwickeln wir die Definition des Wittringes $W(X)$ der nichtausgearteten symmetrischen Bilinearräume über einem beliebigen Schema X (= Präschema in der Terminologie der [EGA][1]). In § 5—10 studieren wir Wittringe über lokalen Ringen, in § 11—14 über Dedekindringen und damit verwandten Schemata.

Einleitung und Überblick

A. In der Halbgruppe $S(X)$ der Isomorphieklassen nichtausgearteter symmetrischer Bilinearräume über einem Schema X (in der Einleitung kurz „Räume über X" genannt, Def. in § 1) gilt im allgemeinen nicht die Kürzungsregel. Sie ist z.B. stets verletzt, falls X *dyadisch* ist, d. h. falls das Element 2 in dem Ring $\Gamma(X, \mathcal{O}_X)$ der globalen Funktionen auf X nicht Einheit ist (s. 3.4.2)[2]. Die dadurch bedingten Schwierigkeiten lassen sich gewaltsam beseitigen, indem man nur die zu $S(X)$ gehörige Grothendieckgruppe $K(X)$ betrachtet. Es sei an dieser Stelle gestattet, an die Konstruktion von $K(X)$ zu erinnern.

Wir nennen zwei Elemente ξ, η von $S(X)$ *stark äquivalent* und schreiben $\xi \approx \eta$, wenn es in $S(X)$ ein weiteres Element ζ mit $\xi + \zeta = \eta + \zeta$ gibt. In der Halbgruppe G der Klassen dieser Äquivalenzrelation auf $S(X)$ gilt die Kürzungsregel. $K(X)$ ist die von G erzeugte abelsche Gruppe. (Ihre Elemente sind die Differenzen

* Habilitationsschrift Hamburg 1968, überarbeitet und leicht gekürzt. This research was supported in part by the National Science Foundation at the University of Notre Dame under grant GP-6652.

1 Hinweis auf das Literaturverzeichnis.

2 Hinweis auf „Folgerung 3.4.2" in § 3.

$g_1 - g_2$ von Elementen aus G mit der Regel:

$$g_1 - g_2 = g_1' - g_2' \Leftrightarrow g_1 + g_2' = g_2 + g_1').$$

Kennen wir $K(X)$, so kennen wir immerhin alle additiven Abbildungen von $S(X)$ in abelsche Gruppen, da diese sich eindeutig über $K(X)$ faktorisieren lassen. Wir können in $S(X)$ Tensorprodukte und äußere Potenzen bilden (§ 2) und damit $K(X)$ zu einem λ-Ring (s. [G]$_1$, S. 148) machen, der überdies eine Augmentation durch die Dimensionsfunktion besitzt (vgl. [Se], S. 6). Doch wird die λ-Struktur in dieser Arbeit nicht untersucht.

Ein Raum E über X mit Bilinearform B heiße *metabolisch*, falls E als $\mathcal{O}_X$-Modul ($\mathcal{O}_X$ = Strukturgarbe von X) direkte Summe zweier Moduln U und V ist, die unter B in Dualität stehen und von denen mindestens einer, etwa V, *totalisotrop* ist, d. h. $B(V, V) = 0$. Gibt es eine solche Zerlegung von E, bei der auch U totalisotrop ist, so nennen wir E *hyperbolisch*.

Ist X *nicht dyadisch*, d. h. ist 2 Einheit des Ringes $\Gamma(X, \mathcal{O}_X)$, so ist jeder metabolische Raum sogar hyperbolisch (s. § 3.3). Über beliebigem X gilt immerhin:

(M 1) Jeder metabolische Raum ist zu einem hyperbolischen Raum stark äquivalent.

„Metabolisch" ist also nur eine leichte Verallgemeinerung von „hyperbolisch", die wir benutzen, um den Gebrechen der Räume über dyadischen Schemata Rechnung zu tragen. Die metabolischen Räume haben auch weitgehend die nützlichen Eigenschaften der hyperbolischen Räume in der Wittschen Theorie [W] über nichtdyadischen Körpern (Beweise in § 3):

(M 2) Ist X affin, V totalisotroper Teilraum (s. § 1.3) eines Raumes E über X, so läßt sich V zu einem metabolischen Teilraum $U \oplus V$ von doppelter Dimension in E ergänzen.

Insbesondere läßt sich jeder nichtausgeartete Raum E orthogonal zerlegen in einen metabolischen Raum M und einen *anisotropen* Raum F (d. h. F besitzt keine totalisotropen Teilräume $\neq 0$). Die Voraussetzung „X affin" ist dabei wesentlich. Schon über vollständigen elliptischen Kurven gibt es Gegenbeispiele (s. 13.1.9).

Zu einem Raum E über X mit Bilinearform B bezeichne $-E$ den Modul E, versehen mit der Bilinearform $-B$.

(M 3) $E \perp (-E)$ ist stets metabolisch.

(M 4) Das Tensorprodukt eines metabolischen Raumes mit einem beliebigen Raum ist wieder metabolisch.

Wegen (M 3) ist jeder Raum orthogonaler Summand eines metabolischen Raumes. Wir können daher die Grothendieckgruppe $KM(X)$ zu der Halbgruppe $M(X)$ der Isomorphieklassen metabolischer Räume über X als additive Untergruppe von $K(X)$ auffassen. $KM(X)$ ist wegen (M 4) sogar ein Ideal in $K(X)$. Den Quotienten $K(X)/KM(X)$ nennen wir den *Wittring* $W(X)$ von X. Nach (M 3) gilt für das Bild (E) eines Raumes E in $W(X)$ die Gleichung $(E) + (-E) = 0$. Insbesondere lassen sich alle Elemente von $W(X)$ durch Räume beschreiben, nicht nur durch formale Differenzen von Räumen. Leider bilden, selbst bei affinem X, die Isomorphieklassen der anisotropen Räume trotz (M 2) i. a. kein eineindeutiges Repräsentantensystem der Elemente von $W(X)$ („Kernräume"). Sieht man jedoch von diesem Umstand ab, so kann man sagen, daß unsere Definition des Wittringes auf einer natürlichen Verallgemeinerung der Wittschen Idee [W] beruht.

H bezeichne den zweidimensionalen freien Raum über X, dessen Bilinearform durch die Matrix $\begin{pmatrix} 0 & 1 \\ 1 & 0 \end{pmatrix}$ beschrieben wird. Ist jeder lokalfreie $\mathcal{O}_X$-Modul von endlichem Typ global frei, so ist $KM(X) = \mathbb{Z}H$ (s. § 3.1) und $W(X)$ enthält zusammen mit der Dimensionsfunktion auf $K(X)$ (s. 1.4.1) alle Informationen über $K(X)$, die sich nicht auf die λ-Operationen beziehen.

B. Es folgt eine Inhaltsangabe. Die bisher besprochenen Begriffe werden in § 1—3 eingeführt. In § 2 definieren wir außerdem die *Quadratklassengruppe* $Q(X)$ eines Schemas X als die Gruppe der Isomorphieklassen eindimensionaler Räume unter dem Tensorprodukt als Verknüpfung. Wir können dann die *Determinante* $\det(E)$ eines Raumes E der Dimension n einfach als die Isomorphieklasse der n-ten äußeren Potenz von E definieren. (Das Wort „Diskriminante" reservieren wir für die hier nicht behandelten quadratischen Formen.) Das ergibt eine additive Abbildung $\det \colon K(X) \to Q(X)$ und mit dem üblichen Vorzeichentrick eine „signierte Determinante" $d \colon W(X) \to Q(X)$ (s. § 4.2). Diese ist nur auf dem Ideal $W_0(X)$ der Elemente zu den Räumen gerader Dimension additiv und verschwindet auf $W_0(X)^2$. Ist $W(X)$ *diagonalisierbar*, d. h., wird dieser Ring von der in ihn einbettbaren Quadratklassengruppe $Q(X)$ additiv erzeugt, so stimmt der Kern der Einschränkung von d auf $W_0(X)$ sogar mit $W_0(X)^2$ überein (s. § 4.3). Sonst kann er größer sein (s. 14.2.1, 14.3.4).

$W(X)$ ist stets diagonalisierbar, falls X Spektrum eines semilokalen Ringes ist. Aber schon, wenn X Spektrum eines Dedekindringes ist, scheint die Diagonalisierbarkeit von $W(X)$ ein seltenes Phänomen zu sein (Beispiele in § 13.4, § 14). Allgemein ist $K(X)$ auch der Grothendieckring der *eigentlichen* Räume über X, d. h. der Räume, die *lokale* Orthogonalbasen besitzen (s. § 5.4). Dennoch ist, selbst falls X Spektrum eines dyadischen lokalen Ringes ist, i.a. nicht jeder Raum zu einem eigentlichen Raum stark äquivalent (s. § 8.4).

Ist X Spektrum eines Ringes C, so können wir uns die Räume über X als projektive endlich erzeugte C-Moduln mit Bilinearform vorstellen (Übergang zu den globalen Schnittmoduln). Wir schreiben anstelle von $Q(X)$, $S(X)$, $K(X)$, $W(X)$, ... dann $Q(C)$, $S(C)$, $K(C)$, $W(C)$, ... Sei jetzt C ein semilokaler Ring, dessen Restklassenkörper nach den maximalen Idealen alle mindestens 3 Elemente enthalten. Dann läßt sich der Kern der kanonischen Surjektion des Gruppenringes $\mathbb{Z}[Q(C)]$ auf $K(C)$ angeben (§ 5.5). A. Delzant benutzt dieses Resultat über nichtdyadischen Körpern in [De] als Ausgangspunkt für die Konstruktion von „Stiefel-Whitney-Klassen". Es sei hier angemerkt, daß seine Methode sich auf beliebige *nichtdyadische* semilokale Ringe übertragen läßt. Die Stiefel-Whitney-Klassen sind dann Abbildungen

$$w_i\colon K(C) \to H^i(X_{\mathrm{et}}, \,\underline{\mathbb{Z}/2\,\mathbb{Z}})$$

($i = 1, 2, ...$) in die Kohomologiegruppen der konstanten Garbe $\underline{\mathbb{Z}/2\,\mathbb{Z}}$ auf dem etalen Situs X_{et} zu dem Spektrum X von C (s. [SGAA]VII).

In § 7 beweisen wir den naheliegenden Satz, daß für einen *henselschen* lokalen Ring $(C, \mathfrak{m})$ die Reduktionsabbildung von $S(C)$ auf $S(C/4\mathfrak{m})$ bijektiv ist, also auch die von $K(C)$ auf $K(C/4\mathfrak{m})$ (vgl. [Du]).

Der Kürzungssatz von O'Meara ([OM], 93:14a) läßt sich für die hier betrachteten Räume auf beliebige lokale Ringe C übertragen {§ 6.1; man könnte allgemeiner Räume zulassen mit Werten der Bilinearform im totalen Quotientenring von C, deren Determinanten nicht Nullteiler sind}. Der Schlüssel zu diesem Satz ist O'Mearas Begriff der *Normgruppe* eines Raumes (§ 6.1, [OM] § 93 A). Über beliebigen lokalen Ringen ist ein metabolischer Raum durch seine Dimension und Normgruppe bis auf Isomorphie gekennzeichnet (§ 6.2). Offen ist die Frage, ob es für den weitergehenden Klassifikationssatz von O'Meara für Räume über Bewertungsringen (§ 6.2, [OM] 93:16) einen sinnvollen Ersatz etwa über regulären dyadischen lokalen Ringen gibt (vgl. Satz 6.2.2). Dabei müßten die *uneigentlichen* Räume, d. h. die Räume ohne Orthogonalbasis, irgendwie ausgeklammert werden. Zum Beispiel lassen sich über dem formalen Potenzreihenring in 4 Variablen mit einem dyadischen Körper als Koeffizientenbereich leicht zwei anisotrope, stark äquivalente, uneigentliche Räume mit gleicher Normgruppe angeben, die nicht isomorph sind. Ziel von § 8 ist der Beweis der folgenden beiden Teilergebnisse in Richtung auf einen solchen Klassifikationssatz: Sei $(C, \mathfrak{m})$ dyadischer lokaler Ring, $\mathfrak{c}$ das von $2\mathfrak{m}$ und der Menge $\mathfrak{m}^{(2)}$ der Quadrate in $\mathfrak{m}$ erzeugte Ideal von C.

Theorem 8.2.1. *Ist* $\mathfrak{c} = 0$ (z.B. C ein Körper), *so sind zwei anisotrope Räume über* C *mit gleichem Bild in* $W(C)$ *isomorph.* {Dies ist auch über jedem *nichtdyadischen* semilokalen Ring B richtig, weil dann in $S(B)$ die Kürzungsregel gilt, s. 6.1.3, [Kl], [Kn].}

Theorem 8.5.5. *Entsteht* $(C, \mathfrak{m})$ *aus einem regulären lokalen Ring* $(B, \mathfrak{M})$ *durch Reduktion nach einem Ideal zwischen* $2\mathfrak{M}^2 + \mathfrak{M}^{(2)}\mathfrak{M}$ *und* $\mathfrak{M}^3$, *so hat jeder anisotrope Raum* $E \neq 0$ *über* C, *der keine uneigentlichen nichtausgearteten Teilräume* $\neq 0$ *besitzt, in* $W(C)$ *ein Bild* $\neq 0$. {Die zweite Voraussetzung über E läßt sich nicht ersatzlos streichen, s. 9.3.8.}

Diese Resultate gestatten uns in § 9 den Beweis einiger Aussagen über das Ideal $W_{\mathfrak{m}}(C)$ der Elemente von C, die sich durch uneigentliche Räume repräsentieren lassen. Bezeichnen wir zu einem Ideal $\mathfrak{a}$ von C mit $W(C, \mathfrak{a})$ den Kern der Reduktionsabbildung von $W(C)$ auf $W(C/\mathfrak{a})$, so gilt $W_{\mathfrak{m}}(C) \subset W(C, \mathfrak{m})$ und $W_{\mathfrak{m}}(C) \cap W(C, \mathfrak{c}) = W(C, \mathfrak{mc})$ (s. 9.3.7), insbesondere also $W_{\mathfrak{m}}(C) \supset W(C, \mathfrak{mc})$. In § 9.3 und § 9.4 werden der erste und dritte Faktor der Reihe

$$W(C, \mathfrak{mc}) \subset W_{\mathfrak{m}}(C) \subset W_{\mathfrak{m}}(C) + W(C, \mathfrak{c}) \subset W(C, \mathfrak{m})$$

durch Erzeugende und Relationen beschrieben und für reguläres C auch der mittlere Faktor. Unabhängig von den Resultaten aus § 8 zeigen wir in § 9.5, daß $W_{\mathfrak{m}}(C)$ bei vollkommenem Restklassenkörper $C/\mathfrak{m}$ als Kern eines kanonischen Ring-Epimorphismus $\sigma: W(C) \twoheadrightarrow C_0/\mathfrak{w}$ auftritt. Dabei ist C_0 der Teilring $\mathfrak{m} \cup (1 + \mathfrak{m})$

von C und $\mathfrak{w}$ das von den Elementen $2\xi + \xi^2$ mit $\xi \in \mathfrak{m}$ in C_0 erzeugte Ideal. Ist C der Ring der ganzen 2-adischen Zahlen, so ist $C = C_0$, $\mathfrak{w} = 8C$ und die Invariante σ wohlbekannt (s. [Bl], [Se] S. 3).

Die Strukturtheorie von $W(C)$ wird in dieser Arbeit nicht weiter verfolgt, doch sei angemerkt, daß die folgenden Verallgemeinerungen zweier Sätze von A. Pfister [Pf] richtig sind: Sei C semilokaler Ring, dessen Restklassenkörper nach den maximalen Idealen alle mindestens 3 Elemente enthalten. Dann hat in der additiven Gruppe von $W(C)$ jedes Torsionselement 2-Potenz-Ordnung. Die nilpotenten Elemente von $W(C)$ sind gerade die Torsionselemente aus $W_0(C)$. Der Beweis muß späterer Veröffentlichung vorbehalten bleiben.

Ein anisotroper Raum über einem Körper k der Charakteristik 2 bleibt über jeder separablen Körpererweiterung L von k anisotrop (§ 10). Dies zeigt deutlich, daß für eine kohomologische Beschreibung der eigentlichen Räume über einem Schema die étale Topologie nicht ausreicht. Man müßte etwa die treuflache Topologie („treuflach, endliche Präsentation", [SGAD]IV, S. 86) heranziehen.

Ist C ein Dedekindring, L sein Quotientenkörper, so ist die natürliche Abbildung von $W(C)$ nach $W(L)$ injektiv (11.1.1). Der Kern der entsprechenden Abbildung von $K(C)$ nach $K(L)$ läßt sich explizit angeben (11.1.2, 11.1.3, 11.3.5). Ist $2 \neq 0$ in C, so sind zwei isotrope Räume über C genau dann stark äquivalent, wenn ihre Lokalisierungen nach der Halbgruppe der Potenzen von 2 isomorph sind.

In § 12 konstruieren wir zu einem Bewertungsring $(C, \mathfrak{m})$ mit archimedischer Wertegruppe Γ, Restklassenkörper k und Quotientenkörper L eine exakte Sequenz

$$0 \to W(C, \mathfrak{m}) \to W(L) \to W(k)\,[\Gamma/2\Gamma] \to 0.$$

Das Kongruenzideal $W(C, \mathfrak{m})$ verschwindet genau dann, wenn jedes Element aus $1 + \mathfrak{m}$ ein Quadrat ist.

Sei Y eine vollständige irreduzible reguläre algebraische Kurve über einem Körper k ([EGA]II, § 7.4), L ihr Funktionenkörper. Der Kern der natürlichen Abbildung von $W(Y)$ nach $W(L)$ ist das Ideal der Bilder aller lokal metabolischen Räume über Y (13.1.1). Es enthält schon für elliptisches Y und algebraisch abgeschlossenes k unendlich viele Elemente (13.1.9). Allerdings ist über der projektiven Geraden $\mathbb{P}^1_k$ bei beliebigem Körper k jeder lokal metabolische Raum metabolisch und die kanonische Abbildung von $W(k)$ nach $W(\mathbb{P}^1_k)$ bijektiv (§ 13.2).

Die Überlegungen aus § 12 liefern zu jedem abgeschlossenen Punkt $\mathfrak{p}$ der Kurve Y nach Wahl einer Ortsuniformisierenden eine „Hindernis-Funktion" $\partial_\mathfrak{p}\colon W(L) \to W(k(\mathfrak{p}))$, wobei $k(\mathfrak{p})$ der Restklassenkörper von $\mathcal{O}_Y$ in $\mathfrak{p}$ ist. Ist X offener Teil von Y, so liegt ein $\xi \in W(L)$ genau dann im Bild der kanonischen Abbildung von $W(X)$ nach $W(L)$, wenn $\partial_\mathfrak{p}\xi = 0$ für alle $\mathfrak{p} \in Y \setminus X$ ist (§ 13.3). In § 13.4 geben wir den Beweis einer von G. Harder gefundenen „Summenformel" für die Hindernisse $\partial_\mathfrak{p}$ im Falle $Y = \mathbb{P}^1_k$ wieder[3]. Diese Formel hat für beliebigen Körper k z.B. folgende Konsequenz: Zwei Räume über dem rationalen Funktionenkörper $k(t)$ in einer Variablen t sind isomorph, falls ihre Komplettierungen zu allen von einer festen rationalen Primstelle verschiedenen Primstellen von $k(t)$ isomorph sind.

Ist X reguläre Kurve über einem nichtdyadischen C_1-Körper oder auch über dem Körper der reellen Zahlen, so wird $W(X)$ additiv erzeugt von den Bildern der eindimensionalen Räume, der Quaternionenräume und (bei nichtaffinem X) der lokal metabolischen Räume (§ 14.2). Ähnliches gilt für offene Teile des Spektrums des Ringes der ganzen Zahlen eines algebraischen Zahlkörpers (14.2.4).

J. P. Serre hat in [Se] $K(\mathbb{Z})$ bestimmt (und der Wunsch, sein Resultat zu verstehen, war der erste Antrieb zu dieser Arbeit). Wir gewinnen dieses Resultat in § 14.3 in der Formulierung $W(\mathbb{Z}) \cong \mathbb{Z}$. Weiter geben wir $W(C)$ explizit an für die Lokalisierungen $C = p^{-\infty}\mathbb{Z}$ von $\mathbb{Z}$ nach den Potenzen einer Primzahl p.

Für eine ausgedehnte briefliche und mündliche Diskussion danke ich meinem Freunde Herrn Günter Harder herzlich.

Bezeichnungen

Das Zeichen OE bedeutet „ohne Einschränkung der Allgemeinheit". $\mathbb{N} =$ natürliche Zahlen; $\mathbb{Z} =$ ganze rationale Zahlen; $\mathbb{Q} =$ rationale Zahlen; $\mathbb{R} =$ reelle Zahlen; $\mathbb{C} =$ komplexe Zahlen; $\mathbb{F}_2 =$ der Körper mit 2 Elementen; $\hat{\mathbb{Z}}_2 =$ ganze 2-adische Zahlen. Zu einer abelschen Gruppe G und einem $r \in \mathbb{N}$ bezeichnet $_r G$ bzw. G_r

---

3 *Zusatz bei der Korrektur:* Vgl. die demnächst erscheinende Arbeit „Reciprocity laws for quadratic forms", Th. 3.1, von W. Scharlau.

den Kern bzw. Kokern der Homothetie auf G mit r. Zu einer abelschen Halbgruppe M bezeichnet KM die zugehörige Grothendieckgruppe (s. Einleitung A). K ist also der Linksadjungierte zu dem Vergessensfunktor von der Kategorie der abelschen Gruppen in die der abelschen Halbgruppen.

Das Zeichen $\cong$ bedeutet „isomorph", $\approx$ bedeutet „stark äquivalent" (s. Einleitung A), $\sim$ bedeutet „äquivalent" (s. § 3.5). Ein Pfeil $\twoheadrightarrow$ bezeichnet einen Epimorphismus, $\hookrightarrow$ einen Monomorphismus, $\xrightarrow{\sim}$ einen Isomorphismus. Eine Summe $\sum\limits_{l}^{m} \dots$ mit natürlichen l, m sei Null, falls $l > m$ ist.

Zu einem Schema X ($=$ „Präschema" in den [EGA]) bezeichnet $\mathcal{O}_X$ oder $\mathcal{O}$ die Strukturgarbe von X, $\mathcal{O}_X^*$ die Garbe ihrer Einheiten, $\mathfrak{m}_p$ das maximale Ideal des Halmes $\mathcal{O}_p$ von $\mathcal{O}_X$ in $p \in X$, $k(p)$ den Restklassenkörper $\mathcal{O}_p/\mathfrak{m}_p$. X heiße *nichtdyadisch*, falls 2 in $\Gamma(X, \mathcal{O}_X)$ Einheit ist, sonst *dyadisch*. Zu einem $\mathcal{O}_X$-Modul E bezeichnet E_p den Halm in $p \in X$, $E(p)$ die Faser $E_p/\mathfrak{m}_p E_p$. Den Dualmodul $\mathcal{H}om(E, \mathcal{O}_X)$ bezeichnen wir mit E^*. Für lokale Schnitte u in E, v in E^* über gleicher offener Menge (oder zugehörige Keime im gleichen Punkt) schreiben wir anstelle von $v(u)$ auch $\langle u, v \rangle$ oder $\langle v, u \rangle$. Zu einer Menge T bezeichnet T_X oder $\underset{\sim}{T}$ die Garbe der (Zariski-) lokal konstanten Funktionen auf X mit Werten in T. Zu einer Garbe F auf X und offenem $Z \subset X$ bezeichnet $F | Z$ die Einschränkung von F auf Z. Pic$(X) =$ Gruppe der Isomorphieklassen inversibler $\mathcal{O}_X$-Moduln ([EGA] O_I, § 5.4). Ein „*Raum*" E auf X ist stets ein symmetrischer Bilinearraum (s. § 1), dessen Bilinearform wir gewöhnlich mit B bezeichnen. Ist x lokaler Schnitt in E, so schreiben wir für die *Norm* $B(x, x)$ auch $n(x)$. Mit (E) bezeichnen wir je nach Kontext die Isomorphieklasse von E oder deren Bild im Wittring $W(X)$ (s. Einleitung A).

Zu einem kommutativen Ring C (stets mit 1) bezeichnet C^* die Einheitengruppe, $C^{(2)}$ die Menge der Quadrate in C, $\mathfrak{a}^{(2)}$ die Menge der Quadrate der Elemente eines Ideals $\mathfrak{a}$ von C. Zu einem C-Modul M und $f \in C$ bezeichnet $f^{-\infty} M$ die Lokalisierung von M nach der Halbgruppe der Potenzen von f. Max(C) sei der im Spektrum Spec(C) enthaltene Teilraum der maximalen Ideale von C. Für einen Funktor R auf der Kategorie der Schemata schreiben wir anstelle von $R(\text{Spec } C)$ auch $R(C)$. Wir nennen C nichtdyadisch, falls $2 \in C^*$ ist, sonst dyadisch. Weitere Bezeichnungen findet man vor allem in § 1.

§ 1. Symmetrische Bilinearräume

1.1. Unter einem *symmetrischen Bilinearraum* E über einem Schema X verstehen wir einen *lokal freien* $\mathcal{O}_X$-Modul E von endlichem Typ, versehen mit einer symmetrischen Bilinearform $B: E \times E \to \mathcal{O}_X$. Die Angabe von B ist gleichwertig mit der Angabe eines $\mathcal{O}_X$-Modulhomomorphismus $\varphi: E \to E^*$, der mit seiner Transponierten ${}^t\varphi$ übereinstimmt. Der Zusammenhang wird gegeben durch ($u, v \in E_p, p \in X$)

$$(1.1.1) \qquad B(u, v) = \langle u, \varphi(v) \rangle.$$

E (oder B) heiße *nicht ausgeartet*, falls φ ein Isomorphismus ist. Dies ist genau dann der Fall, wenn φ für alle $x \in X$ Bijektionen $\varphi_x: E_x \to E_x^*$ auf den Halmen induziert. Nach dem Lemma von Nakayama bedeutet das, daß jede Faser $E(x)$ nichtausgearteter Bilinearraum über dem Körper $k(x)$ im klassischen Sinn ist (unter der von B gelieferten Bilinearform). E erweist sich schon als nicht ausgeartet, wenn $E(x)$ für alle *abgeschlossenen* Punkte $x \in X$ nichtausgeartet ist (s. [B]$_1$, S. 111).

Bemerkung. Die nichtausgearteten Räume in dem hier definierten Sinne sind die natürliche Verallgemeinerung der unimodularen Gitter in der klassischen Arithmetik der quadratischen Formen. Andrerseits stehen sie in Analogie zu den Vektorraumbündeln mit nichtausgearteter Metrik, etwa über topologischen Räumen. Wir könnten auch in dieser Arbeit Vektorraumbündel betrachten, da über einem Schema jeder lokalfreie endlich erzeugte $\mathcal{O}_X$-Modul als Schnittmodul eines durch ihn bis auf Isomorphie eindeutig bestimmten Vektorraumbündels aufgefaßt werden kann (s. [EGA]II, § 1.7).

Notationen 1.1.2. Ist E global frei, $e_1, \ldots, e_n \in \Gamma(X, E)$ eine Basis von E, so kürzen wir E oder die Isomorphieklasse (E) von E oft durch die Matrix $(a_{ij}) := (B(e_i, e_j))$ ab. E ist genau dann nicht ausgeartet, wenn die Determinante von (a_{ij}) in $\Gamma(X, \mathcal{O}_X^*)$ liegt. Ist (a_{ij}) eine Diagonalmatrix, so schreiben wir für E auch $(a_{11}, \ldots, a_{nn})$. Für einen Raum mit Matrix $\begin{pmatrix} \alpha & 1 \\ 1 & \beta \end{pmatrix}$ schreiben wir auch $A(\alpha, \beta)$.

1.2. Ist $f: Y \to X$ ein Morphismus, so entsteht aus einem Raum E über X durch Basiserweiterung (mit $\mathcal{O}_Y$ tensoriertes inverses Bild) wieder ein symmetrischer Bilinearraum f^*E. Ist E nicht ausgeartet, so auch f^*E. Bei surjektivem f gilt die Umkehrung.

1.3. Als *Teilraum* eines Raumes E bezeichnen wir jeden Teilmodul F der lokal direkter Summand ist (mit der Einschränkung der Bilinearform von E). Es genügt dazu, zu wissen, daß E/F lokal freier Modul ist. F heiße *totalisotrop*, falls B auf $F \times F$ verschwindet. E heiße *isotrop*, wenn E einen totalisotropen Teilraum $\neq 0$ besitzt, sonst *anisotrop*. Zu einem Teilraum F von E bezeichne $F^\perp$ die Garbe der lokalen Schnitte von E, die in jedem Halm E_x auf F_x senkrecht stehen. Ist F nicht ausgeartet (E evtl. ausgeartet), so ist E die direkte Summe von F und $F^\perp$. Allgemein schreiben wir $E = G_1 \oplus G_2$, falls E direkte Summe der Teilräume G_1, G_2 als Modul ist, $E = G_1 \perp G_2$, falls überdies G_1 auf G_2 senkrecht steht. Die orthogonale Summe von r Kopien von E bezeichnen wir mit $r \times E$.

Satz 1.3.1. *Sei F Teilraum eines nichtausgearteten Raumes E.*

a) *Die durch die Bilinearform von E gestifteten Modulhomomorphismen $F^\perp \to (E/F)^*$ und $E/F^\perp \to F^*$ sind bijektiv. Insbesondere ist $F^\perp$ wieder Teilraum von E.*

b) $(F^\perp)^\perp = F$.

Beweis (vgl. [J] § 1). Wir können E als Raum über einem lokalen Ring voraussetzen. Teil a) beruht darauf, daß jede Linearform von E/F oder F durch ein Element von E unter B induziert wird. B setzt $E/F^\perp$ zu F in Dualität und E/F zu $F^\perp$, also auch $E/F^\perp$ zu $F^{\perp\perp}$. Daher muß $F = F^{\perp\perp}$ sein.

Sind E, F Räume über gleichem Schema X, so bezeichnen wir als *Isometrie* von E in F jeden Isomorphismus von E auf einen Teilraum von F.

1.4. $S(X)$ bezeichne die Halbgruppe der Isomorphieklassen aller nichtausgearteten Räume über X unter der orthogonalen Summe $\perp$. Für die Grothendieckgruppe $KS(X)$ (s. Einleitung, Teil A) schreiben wir kürzer $K(X)$.

Als *Dimension* dim E eines Raumes E über X bezeichnen wir die lokal konstante Abbildung von X nach $\mathbb{N}$, die jedem $p \in X$ den Rang des Moduls E_p über $\mathcal{O}_p$ zuordnet. $(E) \mapsto \dim E$ induziert eine additive Funktion

$$(1.4.1) \qquad\qquad \dim \colon K(X) \to \Gamma(X, \underset{\sim}{\mathbb{Z}}).$$

§ 2. $K(X)$

2.1. Tensorprodukt: E und F seien Räume über X mit symmetrischen Bilinearformen B_1, B_2. Als Tensorprodukt $E \otimes F$

dieser Räume bezeichnen wir den Modul $E \otimes_{\mathcal{O}} F$, versehen mit der Bilinearform B, die durch die Formel

$$B(e_1 \otimes f_1, e_2 \otimes f_2) = B_1(e_1, e_2)\, B_2(f_1, f_2)$$

$(e_i \in E_p,\ f_i \in F_p,\ p \in X)$ charakterisiert wird ([B], S. 28, 29). Sind $\varphi: E \to E^*$, $\psi: F \to F^*$ die nach (1.1.1) zu B_1, B_2 gehörigen linearen Abbildungen, so entspricht B die Abbildung $\varphi \otimes \psi: E \otimes F \to E^* \otimes F^*$.

Mit E, F ist auch $E \otimes F$ nicht ausgeartet. Das Tensorprodukt macht $S(X)$ zu einem Halbring, also $K(X)$ zu einem Ring. Dieser ist kommutativ und assoziativ und besitzt ein Einselement, das durch den Raum (1) geliefert wird. Die Dimensionsfunktion (1.4.1) ist ein Ring-Homomorphismus.

2.2. Äußere Potenzen. Ist E ein Raum über X mit der Bilinearform B, so können wir für jede natürliche Zahl $r \geq 1$ auf $\overset{r}{\wedge} E$ wieder eine Bilinearform B' definieren durch die Formel ([B], S. 30, 31.)

$$(2.2.1) \qquad B'(e_1 \wedge \ldots \wedge e_r, f_1 \wedge \ldots \wedge f_r) = \det\left(B(e_i, f_j)\right).$$

Gehört zu E die lineare Abbildung $\varphi: E \to E^*$, so zu $\overset{r}{\wedge} E$ die Abbildung $\overset{r}{\wedge} \varphi: \overset{r}{\wedge} E \to \overset{r}{\wedge} E^*$, wenn man $\overset{r}{\wedge} E^*$ in der üblichen Weise als Dualraum von $\overset{r}{\wedge} E$ auffaßt. Diese Bemerkung zeigt insbesondere, daß mit E auch $\overset{r}{\wedge} E$ nicht ausgeartet ist. Wir definieren schließlich $\overset{0}{\wedge} E$ als den Modul $\mathcal{O}_X$, versehen mit der Bilinearform $B(u, v) = uv$. Ist F ein weiterer Raum auf X, so haben wir zu jedem $r \geq 0$ eine Isometrie

$$(2.2.2) \qquad \underset{i+j=r}{\perp} \overset{i}{\wedge} E \otimes \overset{j}{\wedge} F \overset{\sim}{\to} \overset{r}{\wedge}(E \perp F),$$

die dadurch festgelegt ist, daß jeder lokale Schnitt der Form $e_1 \wedge \ldots \wedge e_i \otimes f_1 \wedge \ldots \wedge f_j$ auf $e_1 \wedge \ldots \wedge e_i \wedge f_1 \wedge \ldots \wedge f_j$ abgebildet wird und die Räume $\overset{r}{\wedge} E \otimes \overset{0}{\wedge} F = \overset{r}{\wedge} E$ und $\overset{0}{\wedge} E \otimes \overset{r}{\wedge} F = \overset{r}{\wedge} F$ in der evidenten Weise in $\overset{r}{\wedge}(E \perp F)$ injiziert werden.

2.3. Quadratklassengruppe. Die eindimensionalen Elemente von $S(X)$ bilden unter der Tensormultiplikation eine Gruppe $Q(X)$ vom Exponenten 2, die wir als die Quadratklassengruppe von X bezeichnen. Sie hat als Untergruppe die Gruppe der freien eindimensionalen Raumklassen, die sich mit $\Gamma(X, \mathcal{O}^*)_2$ identifizieren läßt. $\Gamma(X, \mathcal{O}^*)_2$ ist der Kern des durch Vergessen der Bilinearformen entstehenden Homomorphismus $v\colon Q(X)\to {}_2\mathrm{Pic}(X)$, wobei $\mathrm{Pic}(X)$ wie üblich die Gruppe aller Isomorphieklassen inversibler (= eindimensionaler) $\mathcal{O}_X$-Moduln bezeichne. v ist surjektiv. Ist nämlich $\mathcal{L}$ inversibel und $\mathcal{L}\otimes\mathcal{L}\cong\mathcal{O}$, so gibt es einen (unkanonischen) Isomorphismus $\varphi\colon\mathcal{L}\to\mathcal{L}^*$. Dieser erklärt eine nichtausgeartete Bilinearform auf $\mathcal{L}$ (nach Formel 1.1.1), die automatisch symmetrisch ist. Wir haben also eine exakte Sequenz

$$(2.3.1) \qquad 0\to\Gamma(X,\mathcal{O}^*)_2\to Q(X)\to {}_2\mathrm{Pic}(X)\to 0.$$

Bemerkung 2.3.2. Diese Sequenz läßt sich als „Kummersequenz" interpretieren. Wir wollen das kurz erläutern.

Zu vorgegebenem $(\mathcal{L})\in Q(X)$ gibt es eine treuflache Erweiterung $f\colon Y\to X$, die lokal von endlicher Präsentation (und quasiendlich) ist, so daß $f^*(\mathcal{L})\cong f^*(1_X)$ ist. $\{1_X=$ Einselement von $\Gamma(X,\mathcal{O})$. Zur Konstruktion von f ziehe man Quadratwurzeln auf einer offenen Überdeckung von X, über der $\mathcal{L}$ frei ist$\}$. Sei X_fl der treuflache Situs von X („treuflach, endliche Präsentation", s. [SGAD]IV, S. 86). Der Raum (1_X) auf X hat als Automorphismengarbe auf X_fl die Garbe $\mu_{2,\mathrm{fl}}$ der 2. Einheitswurzeln auf X_fl. Nach Grothendiecks Abstiegstheorie ([TDTE]I, insbes. S. 13, 14) läßt sich $Q(X)$ mit der Kohomologiegruppe $H^1(X_\mathrm{fl},\mu_{2\,\mathrm{fl}})$ kanonisch identifizieren. Ebenso läßt sich $\mathrm{Pic}(X)$ mit $H^1(X_\mathrm{fl},\mathcal{O}^*_{X,\mathrm{fl}})$ identifizieren. Das Quadrieren auf $\mathcal{O}^*_{X,\mathrm{fl}}$ liefert uns eine exakte Sequenz

$$(2.3.3) \qquad 1\to\mu_{2,\mathrm{fl}}\to\mathcal{O}^*_{X,\mathrm{fl}}\xrightarrow{2}\mathcal{O}^*_{X,\mathrm{fl}}\to 1.$$

Die zugehörige lange exakte Sequenz liefert unter anderem (2.3.1). Man beachte, daß im „étalen Situs" die zu (2.3.3) analoge Sequenz rechts nicht exakt zu sein braucht.

2.4. Die *Determinante* $\det E$ eines nichtausgearteten Raumes E der Dimension n definieren wir als die Raumklasse $(\overset{n}{\wedge} E)\in Q(X)$. Diese Definition ist auch bei nur lokal konstantem n sinnvoll. Als Spezialfall von (2.2.2) ergibt sich die Formel $\det(E\perp F)=\det E\cdot\det F$. Die Determinantenfunktion auf $S(X)$ faktorisiert daher über einen eindeutig bestimmten Homomorphismus

$$(2.4.1) \qquad \det\colon K(X)\to Q(X)$$

von abelschen Gruppen.

Beispiel: Ist E frei mit Matrix (a_{ij}), so ist $\det E=(\det(a_{ij}))$. Die Determinante des Tensorproduktes zweier nichtausgearteter

Räume E, F der Dimensionen m, n berechnet sich zu

$$(2.4.2) \qquad \det(E \otimes F) = (\det E)^n (\det F)^m.$$

Es gilt sogar

Satz 2.4.3. *Sind E und F (evtl. ausgeartete) Räume über X der Dimensionen m, n so gibt es einen natürlichen Isomorphismus*

$$\varphi \colon \left(\overset{m}{\wedge} E\right)^{\otimes n} \otimes \left(\overset{n}{\wedge} F\right)^{\otimes m} \xrightarrow{\sim} \overset{mn}{\wedge} E \otimes F.$$

Beweis: (OE m, n konstant.) Seien E, F zunächst frei mit Basen $e_1, \ldots, e_m$ und $f_1, \ldots, f_n$. Wir definieren φ, indem wir der Basis $(e_1 \wedge \ldots \wedge e_m)^{\otimes n} \otimes (f_1 \wedge \ldots \wedge f_n)^{\otimes m}$ von $\left(\overset{m}{\wedge} E\right)^{\otimes n} \otimes \left(\overset{n}{\wedge} F\right)^{\otimes m}$ die Basis $(e_1 \otimes f_1) \wedge \ldots \wedge (e_1 \otimes f_n) \wedge (e_2 \otimes f_1) \wedge \ldots \wedge (e_2 \otimes f_n) \wedge \ldots \wedge (e_m \otimes f_n)$ von $\overset{mn}{\wedge} E \otimes F$ zuordnen. φ hängt nicht von der Wahl der e_i und f_j ab. Das folgt aus der klassischen Formel

$$(2.4.4) \qquad \det(A \otimes B) = (\det A)^n (\det B)^m$$

für Matrizen A, B mit Spalten und Zeilenzahl m bzw. n über einem kommutativen Ring. (Man braucht diese Formel nur einzusehen, falls A oder B Einheitsmatrix ist. Dann ist sie evident.) Ebenfalls mit (2.4.4) beweist man, daß φ isometrisch ist.

Sind E und F nur lokal frei, so definiert man Isomorphismen nach obiger Prozedur lokal mit lokalen Basen. Diese lokalen Isomorphismen passen automatisch zusammen, liefern also einen globalen Isomorphismus. q.e.d.

§ 3. Metabolische Räume

3.1. Sei U (evtl. ausgearteter) Raum über X mit Bilinearform B. Wir definieren einen nichtausgearteten Raum $M(U)$, indem wir den Modul $U \oplus U^*$ mit der Bilinearform B' versehen, die durch

$$B'(u + u^*, v + v^*) = B(u, v) + \langle u, v^* \rangle + \langle v, u^* \rangle$$

$\{u, v \in U_p, u^*, v^* \in U_p^*, p \in X\}$ beschrieben wird. Die zu diesen $M(U)$ isomorphen Räume nennen wir *metabolisch*.

Beispiel. Für beliebiges $\alpha \in \Gamma(X, \mathcal{O})$ ist $M((\alpha)) \cong A(\alpha, 0)$.

Satz 3.1.1. *Ist U als* Modul *direkte Summe der Teilräume* U_1, U_2, *so ist* $M(U) \cong M(U_1) \perp M(U_2)$.

Beweis: Man hat eine Zerlegung $U^* = U_1^* \perp U_2^*$, bei der U_i^* den Modul U_j für $i \neq j$ annulliert. Sei $\varphi: U_2 \to U_1^*$ die lineare Abbildung mit $B(u_1, u_2) = \langle u_1, \varphi(u_2) \rangle$ für beliebige $u_1 \in U_{1p}$, $u_2 \in U_{2p}$, $p \in X$. $M(U)$ hat dann die orthogonale Zerlegung

$$M(U) = (U_1 \oplus U_1^*) \perp [(1 - \varphi) U_2 \oplus U_2^*].$$

Der zweite Summand ist zu $M(U_2)$ isomorph.   q. e. d.

Beispiel 3.1.2. Ist U frei, $x_1, \ldots, x_n$ eine Basis von U, so gilt mit $a_i := B(x_i, x_i) \in \Gamma(X, \mathcal{O})$: $M(U) \cong A(a_1, 0) \perp \ldots \perp A(a_n, 0)$.

Man verifiziert unmittelbar

Satz 3.1.3. *Ist U ein beliebiger, E ein nicht ausgearteter Raum über X, so ist $E \otimes M(U) \cong M(E \otimes U)$.*

Für $U \cong (1)$ erhalten wir $E \otimes A(1, 0) \cong M(E)$.

Nun ist ersichtlich $A(1, 0) \cong (1) \perp (-1)$. Wir schreiben für den zu $(-1) \otimes E$ isomorphen Raum, der aus E durch Übergang von B zu $-B$ entsteht, kurz $-E$ und erhalten

Folgerung 3.1.4. $E \perp (-E) \cong M(E)$.

3.2. Metabolische Ergänzung (vgl. Einleitung (M 2)). Sei V *totalisotroper* Teilraum eines nicht ausgearteten Raumes E über $X \{B(V, V) = 0\}$. Ist X *affin*, so haben wir zu dem Teilraum $V^\perp$ von E (s. 1.3.1) stets eine Zerlegung $E = U \oplus V^\perp$. {Das Hindernis für die Existenz von U ist ein Element aus $H^1(X, \mathcal{H}om(E/V^\perp, V^\perp))$. Diese Gruppe ist Null, [s. EGA]III$_1$.} Ersichtlich steht U unter der Bilinearform von E zu V in Dualität (s. 1.3.1 a). $M := U \oplus V$ ist also metabolischer Teilraum von E. Jetzt ist evident

Satz 3.2.1. *Sei E nichtausgearteter Raum über affinem X und V totalisotroper Teilraum von E. Dann gilt es eine Zerlegung $E = M \perp F$ mit metabolischem $M \supset V$ und $\dim M = 2 \dim V$. Der Raum F ist zu $V^\perp/V$ isomorph, also durch E und V bis auf Isomorphie festgelegt. Insbesondere ist E genau dann metabolisch, wenn E einen Teilraum V mit $V^\perp = V$ besitzt.*

NB. 3.2.2. Die Bedingung $V = V^\perp$ ist bei beliebigen X gleichwertig zu: V totalisotrop und $\dim V = \frac{1}{2} \dim E$.

3.3. Hyperbolische Räume. Wir können jeden lokalfreien $\mathcal{O}_X$-Modul U von endlichem Typ mit der Bilinearform $B = 0$ versehen und den dazu gehörigen metabolischen Raum bilden. Diesen bezeichnen wir mit $H(U)$. Es ist $H(U) \cong H(U^*)$. Für $H(\mathcal{O})$ schreiben wir auch kurz H. Die zu den $H(U)$ isomorphen Räume nennen wir *hyperbolisch*.

Satz 3.3.1. *Ist X nichtdyadisch (d. h. 2 Einheit in $\Gamma(X, \mathcal{O})$), so ist jeder metabolische Raum über X sogar hyperbolisch.*

Wir beweisen etwas allgemeiner

Lemma 3.3.2. *(X beliebig). Sei U ein Raum über X mit symmetrischer Bilinearform B. Wir ändern die Bilinearform B auf U mit Hilfe einer (evtl. unsymmetrischen) Bilinearform D ab zu einer Bilinearform B', definiert durch*

$$B'(u, v) = B(u, v) + D(u, v) + D(v, u)$$

($u, v \in U_p$, $p \in X$). Den so entstehenden Raum nennen wir U'.

Behauptung: $M(U') \cong M(U)$.

Aus diesem Lemma folgt für $D = -\tfrac{1}{2}B$ der Satz 3.3.1.

Beweis des Lemmas. Sei $\lambda: U \to U^*$ die lineare Abbildung mit $D(u, v) = \langle u, \lambda(v) \rangle$ ($u, v \in U_p$, $p \in X$). Wir definieren einen Modulautomorphismus $\alpha: U \oplus U^* \to U \oplus U^*$ durch $\alpha(u) = u + \lambda(u)$, $\alpha(u^*) = u^*$ für lokale Schnitte u, u^* in U, U^*. Dieser ist eine Isometrie von $M(U')$ auf $M(U)$.

Beispiel 3.3.3. $A(\beta, 0) \cong A(\beta + 2\mu, 0)$ für alle $\beta, \mu \in \Gamma(X, \mathcal{O})$.

3.4. Jeder metabolische Raum ist zu einem hyperbolischen Raum stark äquivalent. Genauer gilt

Satz 3.4.1. *Sei U ein Raum über X, $H(U)$ der hyperbolische Raum zu U als Modul. Dann gibt es eine Isomorphie*

$$M(U) \perp M(-U) \cong H(U) \perp M(-U).$$

Ehe wir diesen Satz beweisen, ziehen wir die

Folgerung 3.4.2 (vgl. [OM] S. 258). Für jedes dyadische Schema X (2 nicht Einheit in $\Gamma(X, \mathcal{O})$) ist in $S(X)$ die Kürzungsregel verletzt. Zum Beispiel sind die Räume $A(1, 0)$ und $A(0, 0)$ stark äquivalent, sie sind aber nicht isometrisch, da für jeden lokalen Schnitt x des Raumes $A(0, 0)$ der lokale Schnitt $B(x, x)$ in $2\mathcal{O}_X$ liegt.

Lemma 3.4.3 (vgl. [OM] 93:12). *Sei $\varphi: U \to E$ eine lineare Abbildung von einem Raum U in einen (evtl. ausgearteten) Raum E über X. U_φ sei der Graph zu φ, d. h. die Bildgarbe von $(1, \varphi)$:*

$U \to U \perp E$. *In dem Raum* $F := M(U) \perp E = (U \oplus U^*) \perp E$ *stehen ersichtlich auch* U_φ *und* U^* *in Dualität.*

Behauptung. Der Orthogonalraum E' des zu $M(U_\varphi)$ isomorphen Teilraumes $U_\varphi \oplus U^*$ in F ist zu E isometrisch.

N.B. Insbesondere gilt also

$$(3.4.3.1) \qquad\qquad M(U) \perp E \cong M(U_\varphi) \perp E.$$

Wendet man (3.4.3.1) auf $E = M(-U) = (-U) \oplus U^*$ und die evidente Abbildung φ von U auf den Teilraum $(-U)$ von E an, so erhält man Satz 3.4.1.

Beweis von Lemma 3.4.3. Sei $\psi : E \to U^*$ die Abbildung mit $\langle u, \psi(e) \rangle = B(\varphi(u), e)$ für beliebige u, e aus U_p, E_p, $p \in X$. Dann ist, wie man leicht nachrechnet,

$$E \xrightarrow{\;(1,-\psi)\;} E \oplus U^* \xhookrightarrow{\;\text{incl}\;} F$$

eine Isometrie mit Bild E'.   q.e.d.

Beispiel 3.4.4. Sei z globaler Schnitt eines Raumes E über X, $a \in \Gamma(X, \mathcal{O})$. Dann ist

$$A(a, 0) \perp E \cong A(a + B(z, z), 0) \perp E.$$

3.5. Wir bezeichnen mit $M(X)$ den Halbring der Isomorphieklassen metabolischer Räume. Als *Wittring* von X definieren wir den Quotienten $W(X) = K(X)/KM(X)$. Diese Definition wurde schon in Teil A der Einleitung erläutert. Wir nennen zwei nichtausgeartete Räume E und F *äquivalent* und schreiben $E \sim F$, wenn sie gleiches Bild in $W(X)$ haben, also wenn es metabolische Räume M, N mit $E \perp M \cong F \perp N$ gibt.

§ 4. *Signierte Determinante*

4.1. Sei X eine Schema. In diesem Abschnitt bezeichnen wir zu einem $\lambda \in \Gamma(X, \mathcal{O}^*)$ mit $[\lambda]$ den Modul $\mathcal{O}_X$, versehen mit der Bilinearform $B(u, v) = \lambda u v$ für beliebige u, $v \in \mathcal{O}_p$, $p \in X$. Sei E ein nichtausgearteter Raum über X, der einen Teilraum V mit $V^\perp = V$ besitzt. Dann gilt mit $m := \dim V$

$$(4.1.1) \qquad\qquad \det E = (-1)^m.$$

Wir zeigen sogar

Satz 4.1.2. *Zu dem Paar* (E, V) *gibt es einen natürlichen Isomorphismus* $\Phi : \overset{2m}{\wedge} E \xrightarrow{\sim} [(-1)^m]$.

Beweis. Sei $\{Z_\alpha\}$ eine offene Überdeckung von X, so daß zu jedem Index α eine Zerlegung $E\,|\,Z_\alpha = V\,|\,Z_\alpha \oplus U_\alpha$ existiert. Wir definieren *Modul*-Isomorphismen

$$\varphi_\alpha \colon E\,|\,Z_\alpha \to H(V)\,|\,Z_\alpha = (V \oplus V^*)\,|\,Z_\alpha,$$

indem wir für lokale Schnitte v, u in $V\,|\,Z_\alpha$ bzw. U_α folgende Zuordnung vornehmen: $\varphi_\alpha(v) = v$; $\varphi_\alpha(u) =$ der von u vermöge der Bilinearform von E auf $V \subset E$ induzierte Schnitt von V^*. Für beliebige Indizes α, β haben wir auf $Z_\alpha \cap Z_\beta$ Gleichungen

$$\varphi_\alpha\,|\,Z_\alpha \cap Z_\beta = \begin{pmatrix} 1 & \lambda_{\alpha\beta} \\ 0 & 1 \end{pmatrix} \circ (\varphi_\beta\,|\,Z_\alpha \cap Z_\beta)$$

mit geeignetem $\lambda_{\alpha\beta} \colon V^*\,|\,Z_\alpha \cap Z_\beta \to V\,|\,Z_\alpha \cap Z_\beta$. Daher stimmen $\overset{2m}{\wedge}\varphi_\alpha$ und $\overset{2m}{\wedge}\varphi_\beta$ auf $Z_\alpha \cap Z_\beta$ überein. Zusammen ergeben die $\overset{2m}{\wedge}\varphi_\alpha$ einen Modulisomorphismus $\Phi' \colon \overset{2m}{\wedge}E \to \overset{2m}{\wedge}H(V)$. Dieser hängt nicht von der Wahl der Überdeckung $\{Z_\alpha\}$ ab und erweist sich als isometrisch. Damit haben wir uns auf den Spezialfall $E = H(V) = V \oplus V^*$ zurückgezogen. Mit $\mathscr{L} := \overset{m}{\wedge}V$ können wir schreiben $\overset{2m}{\wedge}E = \mathscr{L} \otimes \mathscr{L}^*$, wobei die Bilinearform B durch

$$B(u \otimes u^*, v \otimes v^*) = (-1)^m \langle u, v^* \rangle \langle v, u^* \rangle$$

gegeben wird (u, $v \in \mathscr{L}_p$, u^*, $v^* \in \mathscr{L}_p^*$, $p \in X$). Ersichtlich ist $u \otimes u^* \mapsto \langle u, u^* \rangle$ ein Isomorphismus von $\overset{2m}{\wedge}E$ auf $[(-1)^m]$.   q.e.d.

Bemerkung 4.1.3. Natürlich lassen sich auch die anderen äußeren Potenzen zumindest für einen metabolischen Raum $M(U)$ explizit berechnen: Zu einem lokalfreien $\mathcal{O}_X$-Modul W von endlichem Typ bezeichne $G(W)$ den Modul $W \otimes W^*$ unter der nichtausgearteten Bilinearform B mit

$$B(u \otimes u^*, v \otimes v^*) = \langle u, v^* \rangle \langle v, u^* \rangle$$

für beliebige u, $v \in W_p$, u^*, $v^* \in W^*$, $p \in X$. Für jedes $n \geq 0$ ist $\overset{2n+1}{\wedge}M(U)$ metabolisch, $\overset{2n}{\wedge}M(U)$ orthogonale Summe eines metabolischen Raumes und des Raumes $(-1)^n G\big(\overset{n}{\wedge}U\big)$.

4.2. $\mathbb{Z}_2(X) \circ Q(X)$ bezeichne die Gruppe aller Paare (μ, a) mit $\mu \in \mathbb{Z}_2(X) = \Gamma(X, \mathbb{Z}_2)$, $a \in Q(X)$, unter der Verknüpfung

$$(4.2.1) \qquad (\mu_1, a_1)(\mu_2, a_2) = (\mu_1 + \mu_2, (-1)^{\mu_1 \mu_2} a_1 a_2).$$

Indem wir einem $(E) \in S(X)$ das Element

$$(4.2.2) \qquad (\nu(E), d(E)) := \left(n \bmod 2, (-1)^{\frac{n(n-1)}{2}} \det E \right)$$

$(n = \dim E)$ in dieser Gruppe zuordnen, erhalten wir eine additive Funktion auf $S(X)$, die nach (4.1.1) sicherlich auf den hyperbolischen Raumklassen verschwindet, und somit eine Funktion

$$(4.2.3) \qquad (\nu, d): W(X) \twoheadrightarrow \mathbb{Z}_2(X) \circ Q(X).$$

Wir bezeichnen ν als den *Dimensionsindex*, d als die *signierte Determinante*. Mit (2.4.2) erhalten wir für $\xi, \eta \in W(X)$

$$(4.2.4) \qquad \nu(\xi\eta) = \nu(\xi)\,\nu(\eta),\ d(\xi\eta) = d(\xi)^{\nu(\eta)} d(\eta)^{\nu(\xi)}.$$

4.3. Mit Hilfe der Invarianten d zeigt man sofort, daß $Q(X)$ als Untergruppe der Einheiten von $W(X)$ aufgefaßt werden kann. $W(X)$ heiße *diagonalisierbar*, falls dieser Ring von $Q(X)$ erzeugt wird. (Beispiele in § 5.4, 13.4, 14.)

$W_0(X)$ bezeichne das Ideal aller $\xi \in W(X)$ mit $\nu(\xi) = 0$. Der Kern der Abbildung (ν, d) (s. 4.2.3) ist ein Ideal, das $W_0(X)^2$ umfaßt (s. 4.2.4).

Satz 4.3.1. *Ist $W(X)$ diagonalisierbar, so ist der Kern von (ν, d) genau $W_0(X)^2$.*

Ist $W(X)$ nicht diagonalisierbar, so kann der Kern größer sein (s. 14.2.1, 14.3.4). Satz 4.3.1 läßt sich wie in dem Spezialfall [Pf], Satz 13 beweisen. Ebenso läßt sich [Pf], Satz 15 übertragen:

Satz 4.3.2. *Ist $W(X)$ diagonalisierbar, so stimmen die minimalen Erzeugendenanzahlen (natürliche Zahl oder ∞) der Gruppe $Q(X)$ und des Ideals $W_0(X)$ überein. Ein System $\{\alpha_i\}_{i \in I}$ aus $Q(X)$ erzeugt $Q(X)$ genau dann, wenn $\{1 - \alpha_i\}_{i \in I}$ das Ideal $W_0(X)$ erzeugt.*

§ 5. Norm eines Raumes, lokale Zerlegungen

5.1. Sei E ein Raum über X. Wir ordnen jedem offenen $U \subset X$ das Ideal $\mathfrak{n}\,\Gamma(U, E)$ von $\Gamma(U, \mathcal{O})$ zu, das die Elemente $n(z) := B(z, z)$ mit $z \in \Gamma(U, E)$ erzeugen. Die zu der Prägarbe $U \rightsquigarrow \mathfrak{n}\,\Gamma(U, E)$ assoziierte Garbe $\mathfrak{n}E$ ist Ideal von $\mathcal{O}_X$ und heiße die *Norm* von E.

Satz 5.1.1. *$\mathfrak{n}E$ ist quasikohärentes Ideal von endlichem Typ. Für jedes offene affine $U \subset X$ ist $\Gamma(U, \mathfrak{n}E) = \mathfrak{n}\,\Gamma(U, E)$.*

Beweis: Wir können X als affin voraussetzen und brauchen für die zweite Behauptung nur den Fall $U = X$ zu betrachten. Wir müssen zeigen, daß $\mathfrak{n}E$ das zu dem Ideal $\mathfrak{a} := \mathfrak{n}\,\Gamma(X, E)$ von $\Gamma(X, \mathcal{O})$ gehörige quasikohärente Ideal $\tilde{\mathfrak{a}}$ von $\mathcal{O}_X$ ist (s. [EGA] I, § 1.3, 1.4). Ist $V \subset X$ offen und M ein Erzeugendensystem des $\Gamma(V, \mathcal{O})$-Moduls $\Gamma(V, E)$, so ist ersichtlich

$$(5.1.2) \quad \mathfrak{n}\,\Gamma(V, E) = \sum_{z \in M} n(z)\,\Gamma(V, \mathcal{O}) + 2 \sum_{z, z' \in M} B(z, z')\,\Gamma(V, \mathcal{O}).$$

Sei V speziell die Menge $D(f)$ der Punkte $x \in X$, in denen ein vorgegebenes $f \in \Gamma(X, \mathcal{O})$ einen Wert $f(x) \neq 0$ annimmt. Ein Erzeugendensystem von $\Gamma(X, E)$ ergibt durch Restriktion ein Erzeugendensystem von $\Gamma(V, E)$. Nach (5.1.2) ist daher $\mathfrak{n}\,\Gamma(V, E) = f^{-\infty}\mathfrak{a}$. Da wir zur Bildung von $\mathfrak{n}E$ unsere Prägarbe nur auf den $D(f)$ zu kennen brauchen, muß $E = \tilde{\mathfrak{a}}$ sein. Aus (5.1.2) folgt auch, daß $\mathfrak{n}E$ von endlichem Typ ist.   q.e.d.

Für jede Basiserweiterung $f\colon Y \to X$ ist $f^* \mathfrak{n}E = \mathfrak{n}f^* E$. Insbesondere ist der Halm von $\mathfrak{n}E$ in $x \in X$ das von den Elementen $n(z)$, $z \in E_x$ in $\mathcal{O}_x$ erzeugte Ideal $\mathfrak{n}(E_x)$.

5.2. Ab jetzt seien die in diesem Paragraphen auftretenden Räume *nicht ausgeartet*. Die Norm jedes solchen Raumes E umfaßt das Ideal $2\mathcal{O}_X$ und (5.1.2) vereinfacht sich zu (V affin)

$$(5.2.1) \qquad \Gamma(V, \mathfrak{n}E) = \sum_{z \in M} n(z)\,\Gamma(V, \mathcal{O}) + 2\,\Gamma(V, \mathcal{O}).$$

Daraus folgt

$$(5.2.2) \qquad\qquad \mathfrak{n}(E \perp F) = \mathfrak{n}(E) + \mathfrak{n}(F),$$

$$(5.2.3) \qquad\qquad \mathfrak{n}(E \otimes F) = \mathfrak{n}(E)\mathfrak{n}(F) + 2\mathcal{O}.$$

Bemerkung 5.2.4: Mit (2.2.2) und dem späteren Lemma 5.4.1 ergibt sich leicht ($r \leqq \dim E$): $\mathfrak{n}\left(\overset{r}{\wedge} E\right) = \mathcal{O}$, falls r gerade; $\mathfrak{n}\left(\overset{r}{\wedge} E\right) = \mathfrak{n}E$, falls r ungerade.

5.3. Wir nennen E *eigentlich*, falls $\mathfrak{n}E = \mathcal{O}_X$ ist, sonst *uneigentlich*. Die orthogonale Summe eines eigentlichen und eines beliebigen Raumes ist wieder eigentlich (s. 5.2.2). $K(X)$ ist schon der Grothendieckring zu dem Halbring (s. 5.2.3) der eigentlichen Räume über X.

5.4. *Lokale Zerlegungen.* Sei C ein *semilokaler* Ring, d. h. C besitze nur endlich viele maximale Ideale $\mathfrak{m}_1, \ldots, \mathfrak{m}_r$.

Lemma 5.4.1 (vgl. [OM] S. 258). *Ein freier eigentlicher Raum über C läßt sich orthogonal in eindimensionale Räume zerlegen, ein* *freier uneigentlicher Raum in zweidimensionale. Insbesondere ist W(C) diagonalisierbar.*

Beweis: Sei $\mathfrak{r} := \mathfrak{m}_1 \cap \ldots \cap \mathfrak{m}_r$. Die Behauptung gilt über Körpern, also zu vorgegebenem E über C für den Raum

$$E/\mathfrak{r}E \cong \prod_{i=1}^{r} E/\mathfrak{m}_i E$$

über $C/\mathfrak{r}$. Jede orthogonale Zerlegung von $E/\mathfrak{r}E$ läßt sich liften zu einer orthogonalen Zerlegung von E.   q.e.d.

Durch Reduktion auf den Körperfall sieht man weiter ein, daß ein zweidimensionaler Raum die Gestalt $A(\alpha, \beta)$ mit $\alpha, \beta \in C$ besitzt.

Lemma 5.4.1 (für lokales C) liefert sofort

Satz 5.4.2. *Zu einem (nicht ausgearteten) Raum E über einem Schema X existiert eine offene Überdeckung $\{X_\alpha\}$ von X, so daß jede Einschränkung $E|X_\alpha$ in ein und zweidimensionale Räume zerlegt werden kann. E ist genau dann eigentlich, wenn es eine offene Überdeckung gibt, bei der alle $E|X_\alpha$ orthogonale Summen eindimensionaler Räume sind. Jeder Raum ungerader Dimension ist eigentlich.*

5.5. $K(C)$ als Quotient des Gruppenringes $\mathbb{Z}[Q(C)]$: Sei C semilokaler Ring mit den maximalen Idealen $\mathfrak{m}_1, \ldots, \mathfrak{m}_r$. Wir wollen den Kern des kanonischen — aufgrund von Lemma 5.4.1 surjektiven — Homomorphismus

$$\Phi: \mathbb{Z}[Q(C)] \twoheadrightarrow K(C)$$

bestimmen. Wenn wir in $\mathbb{Z}[Q(C)]$ rechnen, schreiben wir für die zu einem $\varepsilon \in C^*$ gehörige Quadratklasse der Deutlichkeit halber $[\varepsilon]$.

Satz 5.5.1 (vgl. [De]). *Besitzen alle Restklassenkörper $C/\mathfrak{m}_i$ $(i = 1, \ldots r)$ mehr als zwei Elemente, so wird der Kern von Φ als abelsche Gruppe erzeugt von den Elementen*

$$[\varepsilon_1] + [\varepsilon_2] - [\varepsilon_1'] - [\varepsilon_2'] \quad \text{mit} \quad (\varepsilon_1) \perp (\varepsilon_2) \cong (\varepsilon_1') \perp (\varepsilon_2').$$

Bemerkung 5.5.2. Ker Φ wird also als Ideal von den Elementen

$$q(\varepsilon, \lambda, \mu) = (1 + [\varepsilon])(1 - [\lambda^2 + \mu^2 \varepsilon])$$

mit $\varepsilon \in C^*$, $\lambda, \mu \in C$, $\lambda^2 + \mu^2 \varepsilon \in C^*$ erzeugt. Man überlegt sich leicht, daß man schon mit den Elementen $q(\varepsilon, 1, \mu)$ auskommt, wenn alle $C/\mathfrak{m}_i$ mehr als 3 Elemente enthalten, und natürlich auch, wenn C lokal ist. Die Voraussetzung über C in Satz 5.5.1 ist wesentlich:

Ist z.B. $(C, \mathfrak{m})$ lokal mit Restklassenkörper $\mathbb{F}_2$ und $\mathfrak{m}^2 = 0$, so verschwinden alle $q(\varepsilon, \lambda, \mu)$. Trotzdem braucht Φ nicht bijektiv zu sein.

Satz 5.5.1 ist unmittelbare Folge des unten formulierten Lemmas 5.5.3. Man beachte dazu, daß $K(C)$ schon der Grothendieckring der freien eigentlichen Räume über C ist.

Wir nennen zwei Orthogonalbasen $\mathfrak{B}$, $\mathfrak{B}'$ eines freien eigentlichen Raumes E (binär) *verbindbar*, wenn es eine endliche Folge $\mathfrak{B}_1, \ldots, \mathfrak{B}_m$ von Orthogonalbasen gibt mit: $\mathfrak{B} = \mathfrak{B}_1$, $\mathfrak{B}' = \mathfrak{B}_m$, $\mathfrak{B}_{i+1}$ unterscheidet sich von $\mathfrak{B}_i$ in höchstens zwei Elementen.

Lemma 5.5.3 (vgl. [W], Satz 7). *Alle $C/\mathfrak{m}_i$ mögen mindestens 3 Elemente besitzen. Dann sind je zwei Orthogonalbasen $\mathfrak{B}$, $\mathfrak{B}'$ eines freien eigentlichen Raumes E über C verbindbar.*

Beweis: Durch Induktion nach $m := \dim E$.

a) Für $m \leq 2$ ist nichts zu zeigen. Sei $m \geq 3$, $\mathfrak{B} = \{x_1, \ldots, x_m\}$, $\mathfrak{B}' = \{y_1, \ldots, y_m\}$. Es genügt, $\mathfrak{B}$ mit einer Orthogonalbasis $\mathfrak{B}'' = \{y, z_2, \ldots, z_m\}$ zu verbinden, die mit $y := y_1$ beginnt. Denn dann läßt sich die Induktionsvoraussetzung auf die Basen $\{z_2, \ldots, z_m\}$ und $\{y_2, \ldots, y_m\}$ von $(Cy)^\perp$ anwenden.

b) Sei C zunächst ein *Körper*. Sei OE

$$(5.5.4) \qquad\qquad y = \lambda_1 x_1 + \cdots + \lambda_t x_t$$

mit $\lambda_i \neq 0$ für $i = 1, \ldots t$. Um die soeben gestellte Aufgabe zu lösen, nehmen wir — bei festem m — Induktion nach t vor. Der Fall $t = 1$ ist trivial. Sei $t \geq 2$. Da wir $\mathfrak{B}$ mit der Basis $\{\lambda_1 x_1, \ldots, \lambda_t x_t, x_{t+1}, \ldots x_m\}$ verbinden können, dürfen wir $\lambda_1 = \cdots = \lambda_t = 1$ annehmen. Ist $n(x_i) + n(x_j) \neq 0$ für irgend zwei $i \neq j$ zwischen 1 und t, so läßt sich $\mathfrak{B}$ binär so abändern, daß die rechte Seite von (5.5.4) kürzer wird: Man gehe von der Basis x_i, x_j von $Cx_i + Cx_j$ zu einer Orthogonalbasis $x_i + x_j$, x_j' über.

Es bleibt der Fall $n(x_i) = -n(x_j)$ für alle $i \neq j$ zwischen 1 und t. Da $n(y) \neq 0$ ist, muß $t \geq 3$ sein. C muß Charakteristik 2 haben. Wäre $t = m$, so würde für jedes $z \in E$ gelten: $B(y, z)^2 = n(z)\alpha$ mit $\alpha := n(x_1) = \cdots = n(x_t)$. Das steht im Widerspruch dazu, daß y zu einer Orthogonalbasis ergänzt werden kann. Es muß also $t < m$ sein. C enthält mindestens 4 Elemente. Daher können wir ein $\varepsilon \in C^*$ finden, so daß zu $\alpha_m := n(x_m)$ auch $\beta := \alpha + \varepsilon^2 \alpha_m \neq 0$ ist.

Wir ersetzen die Orthogonalbasis x_1, x_m von $C\,x_1 + C\,x_m$ durch $x_1' = \beta^{-1}\alpha\,(x_1 - \varepsilon\,x_m)$, $x_m' = \beta^{-1}\varepsilon\,(\varepsilon\,\alpha_m\,x_1 + \alpha\,x_m)$. Es ist $x_1 = x_1' + x_m'$ und somit

$$y = x_1' + x_2 + \cdots + x_t + x_m'.$$

Wir haben einen längeren Ausdruck für y erhalten, doch sind wir jetzt sicher, daß $n\,(x_m') = \beta^{-1}\varepsilon^2\alpha\,\alpha_m$ von α verschieden ist. In dem Raum $C\,x_2 + C\,x_m'$ können wir eine Orthogonalbasis $x_2' := x_2 + x_m'$, x_m'' finden und schreiben

$$y = x_1' + x_2' + x_3 + \cdots + x_t$$

mit $n\,(x_2') = \alpha + \beta^{-1}\varepsilon^2\alpha\,\alpha_m \neq \alpha$. Schließlich ändern wir die Basis x_2', x_3 von $C\,x_2' + C\,x_3$ zu einer Orthogonalbasis $x_2'' = x_2' + x_3$, x_3' ab. Wir erhalten im Falle $t = 3$: $y = x_1' + x_2''$, sonst:

$$y = x_1' + x_2'' + x_4 + \cdots + x_t,$$

und können die Induktionsvoraussetzung anwenden.

c) Sei jetzt C ein semikolarer Ring ohne zweielementige Restklassenkörper. Durch Querstriche bezeichnen wir Reduktionen nach dem Radikal $\mathfrak{r}$ von C. Aufgrund des soeben Bewiesenen läßt sich die Basis $\{\bar{x}_1, \ldots, \bar{x}_m\}$ von E mit einer Orthogonalbasis verbinden, die mit $\bar{y}$ beginnt. Daher läßt sich $\{x_1, \ldots, x_m\}$ mit einer Orthogonalbasis von E verbinden, die mit einem $z \equiv y \bmod \mathfrak{r}E$ beginnt. Wir können also von vornherein annehmen:

$$y = (1 + \mu_1)\,x_1 + \mu_2\,x_2 + \cdots + \mu_t\,x_t$$

mit gewissen $\mu_i \in \mathfrak{r}$, $2 \leq t \leq m$. Die Behauptung ergibt sich wieder durch Induktion nach t. Man gehe von der Basis x_1, x_t von $C\,x_1 + C\,x_t$ zu einer Orthogonalbasis $(1 + \mu_1)\,x_1 + \mu_t x_t$, x_t' über. q.e.d.

§ 6. Ein Kürzungssatz über semilokalen Ringen

6.1. Die in [Kn], § 2 benutzte Methode zum Beweis des Wittschen Kürzungssatzes über semilokalen Ringen liefert auch eine dem Kürzungssatz von O'Meara ([OM], 93:14a) ähnelnde Aussage. C sei in diesem Paragraphen ein semilokaler Ring mit maximalen Idealen $\mathfrak{m}_1, \ldots, \mathfrak{m}_r$. Wir setzen OE Spec C als zusammenhängend voraus.

Ist M ein (evtl. ausgearteter) Raum über C und (f, g, λ) ein Tripel aus $M \times M \times C$ mit $n\,(f) = B\,(f, g) = 0$, $n\,(g) = 2\,\lambda$, so wird

— wie man leicht nachrechnet — durch

$$E(f, g, \lambda)(z) = z + B(z, g)f - B(z, f)g - \lambda B(z, f)f$$

ein Automorphismus $E(f, g, \lambda)$ von M definiert.

Ein Vektorpaar $(f_1, f_2) \in M \times M$ heiße *hyperbolisch*, falls $n(f_1) = n(f_2) = 0$, $B(f_1, f_2) = 1$ ist. Wir haben dann eine Zerlegung

$$M = (Cf_1 + Cf_2) \perp G.$$

Zu jedem $\varepsilon \in C^*$ gibt es einen Automorphismus $R(\varepsilon, f_1, f_2)$, der f_1 auf $\varepsilon f_1, f_2$ und $\varepsilon^{-1} f_2$ abbildet und G elementweise festläßt. $D(f_1, f_2)$ bezeichne die von diesen Automorphismen und den $E(f_i, g, \lambda)$ zu allen zulässigen Tripeln (f_i, g, λ) mit $i = 1, 2$, $g \in G$ erzeugte Gruppe. Weiter springt der Automorphismus $\tau(f_1, f_2)$ ins Auge, der f_1 mit f_2 vertauscht und G elementweise festläßt.

Entsprechend dem Teil b) von Lemma 2.1. aus [Kn] erhalten wir mühelos den ersten Teil von

Lemma 6.1.1. *Sei (f_1, f_2) hyperbolisches Vektorpaar in einem Gitter M über C.*

i) Ist C lokal, so operiert die von $D(f_1, f_2)$ und $\tau(f_1, f_2)$ erzeugte Gruppe transitiv auf der Menge aller hyperbolischen Vektorpaare von M.

ii) C sei semilokal. Das orthogonale Komplement G von $Cf_1 + Cf_2$ in M enthalte einen Vektor g, für den $n(g) = 2\eta$ mit $\eta \in C^*$ ist. Dann operiert $D(f_1, f_2)$ transitiv auf der Menge aller hyperbolischen Vektorpaare von M.

N.B. Natürlich läßt sich auch Teil a) von [Kn], Lemma 2.1 übertragen.

Zum Beweis von Teil ii) können wir den Beweis des entsprechenden Teiles c) des zitierten Lemmas aus [Kn] nicht direkt heranziehen, da die $E(f, g, \lambda)$ sich jetzt bei Liftungen weniger angenehm verhalten. Wir gehen folgendermaßen vor: Sei

$$f_1' = \alpha_1 f_1 + \alpha_2 f_2 + x, \quad f_2' = \beta_1 f_1 + \beta_2 f_2 + y$$

ein beliebig vorgegebenes weiteres hyperbolisches Vektorpaar aus M mit $\alpha_i, \beta_i \in C$ und $x, y \in G$. Wir wollen durch Anwendung von Automorphismen $E(f_i, h, \lambda)$ $(i = 1, 2, h \in G, \lambda \in C)$ auf (f_1', f_2') erreichen, daß der Koeffizient α_1 eine Einheit wird. Dann ist es leicht, dieses Paar in (f_1, f_2) zu überführen (s. [Kn], Beginn des Beweises von Lemma 2.1). Man halte sich im folgenden vor Augen, daß $E(f_1, h, \lambda)$ den Vektor f_1' auf $\tilde{f}_1 = \tilde{\alpha}_1 f_1 + \tilde{\alpha}_2 f_2 + \tilde{x}$ mit

$$\tilde{\alpha}_1 = \alpha_1 - \lambda \alpha_2 + B(x, h)$$

$$\tilde{\alpha}_2 = \alpha_2$$

$$\tilde{x} = -\alpha_2 h + x$$

abbildet. Zunächst wenden wir auf (f_1', f_2') eine Transformation $E(f_1, \varrho y, -\varrho^2 \beta_1 \beta_2)$ mit $\varrho \in C$ an. Dabei wählen wir ϱ so, daß für jedes $\mathfrak{m}_i$ $(i = 1, \ldots r)$ gilt: $\varrho \equiv 1 \bmod \mathfrak{m}_i$, falls $\alpha_1 \equiv \alpha_2 \equiv 0 \bmod \mathfrak{m}_i$, $\varrho \equiv 0 \bmod \mathfrak{m}_i$ sonst. Dadurch erreichen wir, daß für das neue Paar keines der Ideale $\mathfrak{m}_i$ die Koeffizienten α_1 und α_2 beide enthält. {Nach jeder Transformation bezeichnen wir das aus (f_1', f_2') entstehende Paar wieder mit (f_1', f_2') und die zugehörigen Koeffizienten wieder mit α_i, β_i, x, y.} Unter Benutzung einer Transformation $E(f_1, \xi x, -\xi^2 \alpha_1 \alpha_2)$ mit $\xi \alpha_2 \equiv 1 \bmod \mathfrak{m}_i$, falls $\alpha_2 \not\equiv 0 \bmod \mathfrak{m}_i$, $\xi \equiv 0 \bmod \mathfrak{m}_i$ sonst $(i = 1, \ldots r)$, erreichen wir, daß überdies für jedes $\mathfrak{m}_i$ mit $\alpha_2 \equiv 0 \bmod \mathfrak{m}_i$ der Vektor x in $\mathfrak{m}_i M$ enthalten ist. Mit einer Transformation $E(f_2, \xi' x, -\xi'^2 \alpha_1 \alpha_2)$ ähnlicher Art gelangen wir schließlich zu einem Paar (f_1', f_2'), für das x in jedem $\mathfrak{m}_i M$ liegt. Jetzt wenden wir einen Automorphismus $E(f_1, \zeta g, \zeta^2 \eta)$ an, mit dem in der Behauptung genannten Paar (g, η) aus $G \times C^*$. Dabei schreiben wir vor: $\zeta \equiv 1 \bmod \mathfrak{m}_i$, falls $\alpha_1 \equiv 0 \bmod \mathfrak{m}_i$, $\zeta \equiv 0 \bmod \mathfrak{m}_i$ sonst $(i = 1, \ldots r)$. Für das so entstehende hyperbolische Vektorpaar ist der Koeffizient α_1 in der Tat eine Einheit. Damit ist der Teil ii) von Lemma 6.1.1 bewiesen.

Mit O'Meara bezeichnen wir als *Normgruppe* $\mathfrak{g} E$ eines Raumes E die von allen $n(z)$, $z \in E$ additiv in C erzeugte Gruppe. $\mathfrak{g} E$ liegt zwischen den Idealen $B(E, E)$ und $2 B(E, E)$.

Lemma 6.1.2 (vgl. [OM] S. 257/258). *Ist M metabolisch von der Dimension $2r$, E beliebiger Raum mit $\mathfrak{g} E + 2C \supset \mathfrak{g} M$, so ist $E \perp M \cong E \perp r \times H$.*

Zum Beweis beachte man (3.1.2) und (3.4.4).

Satz 6.1.3 (vgl. [OM] 93:14a). *E, F, J seien Räume über C mit $E \perp J \cong F \perp J$, $\mathfrak{g} J \subset (\mathfrak{g} E + 2C) \cap (\mathfrak{g} F + 2C)$, J nicht ausgeartet. Weiter gelte eine der folgenden Voraussetzungen:*

    i) *C ist lokal*

ii) *C ist semilokal; E enthält einen Vektor g mit* $n(g) = 2\eta$, $\eta \in C^*$. *(Zum Beispiel E hat Teilraum* $\cong H$.)

Dann ist $E \cong F$.

Der Beweis ergibt sich unmittelbar aus Lemma 6.1.1 und 6.1.2, da a fortiori $E \perp J \perp (-J) \cong F \perp J \perp (-J)$ ist. Im lokalen Falle kommt man anstatt mit Lemma 6.1.1 auch mit der von O'Meara benutzten Methode ([OM], § 93 C) zum Ziel.

6.2: Sei jetzt *C lokal*.

Satz 6.2.1. *Zwei metabolische Räume M, N gleicher Dimension r und gleicher Normgruppe sind isomorph.*

Beweis. Nach Lemma 6.1.2 ist $M \perp r \times H \cong M \perp N \cong N \perp r \times H$. Man wende Satz 6.1.3 an.   q.e.d.

Satz 6.2.2. *Über C sei jeder nichtausgeartete Raum E mit* $E \sim 0$ *metabolisch* ($\sim$: s. § 3.5). *Dann folgt für nichtausgeartete E, F über C aus* dim $E = $ dim F, $\mathfrak{g} E = \mathfrak{g} F$ *und* $E \sim F$, *daß* $E \cong F$ *ist.*

Beweis. Da $\mathfrak{g} E \subset \mathfrak{g} F$ ist, genügt es zu zeigen, daß $E \perp (-E) \perp E \cong F \perp (-E) \perp E$ ist. In der Tat sind beide Seiten zu $E \perp r \times H$ isomorph mit $r := $ dim E.   q.e.d.

Satz 6.2.2 umfaßt aufgrund des späteren § 11.1 O'Meara's Klassifikationssatz [OM] 93:16 über beliebigen Bewertungsringen. Ein anderes Beispiel betrachten wir in § 8.3.

§ 7. Reduktion mod 4 m

Satz 7.1.1. *Sei* $(C, \mathfrak{m})$ *henselscher lokaler Ring. Zu zwei nichtausgearteten Räumen E und F über C sei* $\tau: E \to F$ *eine lineare Abbildung, die bei Reduktion* mod 4m *eine Isometrie wird. Dann existiert eine Isometrie* $\sigma: E \to F$ *mit* $\sigma \equiv \tau$ mod 2m.

N. B. 7.1.2. Insbesondere ist die Reduktions-Abbildung $S(C) \to S(C/4\mathfrak{m})$ bijektiv, erst recht also $K(C) \to K(C/4\mathfrak{m})$. Bei Vergrößerung des Ideals $\mathfrak{a}$, nach dem wir reduzieren, wird das im allgemeinen falsch, da dann im allgemeinen nicht einmal $Q(C) \to Q(C/\mathfrak{a})$ injektiv ist (s. [OM] 63:5).

Satz 7.1.1 wurde 1943 von Durfee für komplette diskrete Bewertungsringe bewiesen. ([Du], Durfee behandelt auch ausgeartete Räume.) Die von Durfee benutzte Beweisidee läßt sich ebenfalls auf beliebige *komplette* lokale Ringe übertragen.

Beweis von Satz 7.1.1. a) Ist $x_1, \ldots, x_n$ eine Basis von E, so ist $\det\left(B(\tau x_i, \tau x_j)\right)$ eine Einheit. Daher ist $\tau(E)$ nichtausgearteter Teilraum von F. Wir können OE annehmen, daß τ bijektiv ist.

b) Sei $E = E_1 \perp \cdots \perp E_t$ eine Zerlegung von E in eindimensionale oder uneigentliche zweidimensionale E_i (s. 5.4.1). F ist als Modul direkte Summe der nichtausgearteten Räume $F_i := \tau(E_i)$. Für $i \neq j$ ist $B(F_i, F_j) \subset 4\mathfrak{m}$. Sei $\varphi: F \to F_1$ die lineare Abbildung mit $\varphi(F_1) = 0$ und $B(x, y) = B(x, \varphi y)$ für beliebige $x \in F_1$, $y \in F_2 + \cdots + F_t$. Da $\varphi \equiv 0 \bmod 4\mathfrak{m}$ ist, können wir τ durch $(1 - \varphi) \circ \tau$ ersetzen. Dann ist F_1 zu $F_2 + \cdots + F_t$ orthogonal. Durch Iteration des Verfahrens ziehen wir uns auf den Fall zurück, daß die F_i paarweise orthogonal sind, und damit auf die Fälle $\dim E = 1$ und $\dim E = 2$, E uneigentlich.

c) *$\dim E = 1$.* Sei x Basiselement von E, $y = \tau x$. Dann ist $n(y) = n(x)(1 + 4\lambda)$ mit $\lambda \in \mathfrak{m}$. Wir müssen für σ den Ansatz $\sigma x = (1 + 2\xi) y$ machen und die Gleichung $(1 + 2\xi)^2 = 1 + 4\lambda$ mit $\xi \in \mathfrak{m}$ lösen. Das ist möglich, weil C henselsch ist.

d) *$\dim E = 2$. E uneigentlich.* Sei x, y eine Basis von E mit Wertematrix $A(\alpha, \beta)$, $\alpha, \beta \in \mathfrak{m}$. Durch Abänderung des Wertes von τ auf y um ein Element aus $4\mathfrak{m}F$ erreichen wir zunächst $B(\tau x, \tau y) = 1$. Sei $A(\alpha', \beta')$ die Wertematrix von $u := \tau x$ und $v := \tau y$. Es ist $\alpha' = \alpha + 4\lambda$, $\beta' = \beta + 4\mu$ mit $\lambda, \mu \in \mathfrak{m}$. Da C henselsch ist, läßt sich ein $\eta \in \mathfrak{m}$ finden, so daß für

$$u' := (1 + 2\eta\beta')^{-1}(u + 2\eta v)$$

neben der durch den Ansatz garantierten Gleichung $B(u', v) = 1$ auch $B(u', u') = \alpha$ gilt (leichte Rechnung). Ebenso läßt sich jetzt ein $v' \equiv v \bmod 2\mathfrak{m}F$ mit $B(u', v') = 1$, $B(v', v') = \beta$ finden. Man definiere σ durch $\sigma x = u'$, $\sigma y = v'$. q.e.d.

N. B. 7.1.3. Wir brauchten das Henselsche Lemma nur für quadratische Polynome.

§ 8. Anisotrope Räume über einigen artinschen lokalen Ringen

8.1. In diesem Paragraphen ist C ein *dyadischer lokaler Ring* mit maximalem Ideal $\mathfrak{m}$ mit Restklassenkörper k. Wir bezeichnen das von $2\mathfrak{m}$ und der Menge $\mathfrak{m}^{(2)}$ der Quadrate in $\mathfrak{m}$ erzeugte Ideal mit $\mathfrak{c}$. Die Bedeutung von $\mathfrak{c}$ für uns beruht auf dem leicht zu verifizierenden

Lemma 8.1.1. *Sei E ein (evtl. ausgearteter Raum) über $C, \widehat{E} := E/\mathfrak{m}E$. Die Normfunktion $n : E \to C$ induziert eine Funktion $\hat{n} : \widehat{E} \to C/\mathfrak{c}$, so daß das Diagramm*

$$
\begin{array}{ccc}
E & \xrightarrow{\;n\;} & C \\
\downarrow & & \downarrow \\
\widehat{E} & \xrightarrow{\;\hat{n}\;} & C/\mathfrak{c}
\end{array}
$$

mit den natürlichen Projektionen in den Vertikalen kommutativ ist.

8.2. Ab jetzt werden in § 8 alle auftretenden Räume als *nicht-ausgeartet* vorausgesetzt, sofern aus dem Kontext nicht das Gegenteil hervorgeht. Ziel dieses Abschnitts ist der Beweis des folgenden, insbesondere für § 9.3, 9.4 wichtigen Satzes:

Theorem 8.2.1. *Sei $\mathfrak{c} = 0$. Für anisotrope Räume E, F über C folgt aus $E \sim F$ schon $E \cong F$.*

Angenommen, wir wüßten schon $(\mathfrak{c} = 0)$:

Lemma 8.2.2. *Ist $E \sim 0$, so ist E metabolisch.*

Dann ist es leicht, Theorem 8.2.1 allgemein zu beweisen: Nach (8.2.2) ist $M := E \perp (-F)$ metabolisch, besitzt also einen Teilraum V mit $V = V^{\perp}$. Die orthogonalen Projektionen von M auf E und $-F$ ergeben bei Einschränkung auf V lineare Abbildungen $p : V \to E,\, q : V \to F$. Die Reduktionen $\hat{p}, \hat{q}$ dieser Abbildungen mod $\mathfrak{m}$ müssen injektiv sein, da die in § 8.1 eingeführte Funktion $\hat{n}$ zu M auf $-\widehat{F}$ und $\widehat{E}$ keine Nullstellen $\neq 0$ besitzt. Daher ist $\dim \widehat{E} \geqq \dim \widehat{V}$, $\dim \widehat{F} \geqq \dim \widehat{V}$. Da andererseits $\dim \widehat{E} + \dim \widehat{F} = 2 \dim \widehat{V}$ ist, müssen die drei Dimensionen übereinstimmen. Daher sind $\hat{p}$ und $\hat{q}$ bijektiv, aufgrund des Lemmas von Nakayama also auch p and q bijektiv. $q \circ p^{-1}$ ist eine Isometrie von E auf F. q.e.d.

8.2.3. Wir beweisen Lemma 8.2.2 zunächst für den Fall, daß neben $\mathfrak{c} = 0$ auch $2 = 0$ ist. Dann ist $C^{(2)} \cong k^{(2)}$. Angenommen es gibt einen von Null verschiedenen anisotropen Raum $E \sim 0$. Dieser muß gerade Dimension $2m$ haben. Nach § 5.4 haben wir eine Zerlegung

$$
E \cong A(\lambda_1, \lambda_2) \perp \cdots \perp A(\lambda_{2m-1}, \lambda_{2m}).
$$

Die Anisotropie von E besagt, daß die λ_i über $k^{(2)}$ linear unabhängig sind. Es gibt einen metabolischen Raum $N = \overset{r}{\underset{j=1}{\perp}} A(0, \mu_j)$, so daß auch $E \perp N$ metabolisch ist. Nach Satz 6.2.1 gilt mit

$$M := \mathop{\perp}_{i=1}^{2m} A(0, \lambda_i)$$

$$(8.2.3.1) \qquad\qquad E \perp m \times H \perp N \cong M \perp N.$$

Durch Fortlassen metabolischer Ebenen aus N läßt sich diese Relation so verbessern, daß $\lambda_1, \dots \lambda_{2m}, \mu_1, \dots \mu_r$ über $k^{(2)}$ linear unabhängig sind (s. 6.1.3). Reduziert man jetzt die Moduln auf beiden Seiten von (8.2.3.1) mod $\mathfrak{m}$ und betrachtet man die Nullstellenmengen der Funktion $\hat{n}$ (s. § 8.1) als symmetrische Bilinearräume über k, so erhält man rechts $\{2m+r\} \times (0)$, links aber den dazu nicht isometrischen Raum $m \times H \perp r \times (0)$. Widerspruch! q.e.d.

8.2.4. Wir wollen Lemma 8.2.2 in dem fehlenden Fall $2 \neq 0$ beweisen. Sei E anisotrop, $E \sim 0$. A fortiori ist $E/2E \sim 0$ über $\overline{C} := C/2C$. Aufgrund des vorigen Abschnittes ist

$$E/2E \cong \mathop{\perp}_{i=1}^{m} A(0, \bar{\delta}_i) \perp t \times A(0, 0)$$

mit Elementen $\bar{\delta}_i$ aus $\overline{C}$, die wir als linear unabhängig über $k^{(2)} = C^{(2)}$ annehmen können. Diese Zerlegung liften wir zu einer Zerlegung

$$(A) \qquad\qquad E \cong \mathop{\perp}_{i=1}^{m} A(2\gamma_i, \delta_i) \perp \mathop{\perp}_{j=1}^{t} A(2\varepsilon_j, 2\vartheta_j).$$

Unser Ziel ist der Nachweis, daß $m = t = 0$ ist. Ähnlich wie in § 8.2.3 gelangen wir zu einer Isometrie

$$(B) \qquad E \perp \mathop{\perp}_{l=1}^{r} A(0, \lambda_l) \cong \mathop{\perp}_{i=1}^{m} A(0, \delta_i) \perp t \times H \perp \mathop{\perp}_{l=1}^{r} A(0, \lambda_l)$$

mit gewissen $\lambda_l \in C$, die zusammen mit den δ_i ein mod $2C$ linear unabhängiges System über $k^{(2)}$ bilden. Wir reduzieren die Räume auf beiden Seiten von (B) mod $\mathfrak{m}$ und betrachten die Nullstellenmengen N_1 links und N_2 rechts der C-wertigen Funktionen $\hat{n}$ (s. § 8.1).

Sei $\{x_i, y_i; z_j, w_j \mid i = 1, \dots m; j = 1, \dots t\}$ die mod $\mathfrak{m}$ reduzierte Basis von E zu der Zerlegung (A) und $\{s_l, t_l \mid l = 1, \dots r\}$ die reduzierte Basis zu dem Teil $\mathop{\perp}_{1}^{r} A(0, \lambda_l)$ links in (B). Analog bezeichnen wir die mod $\mathfrak{m}$ reduzierte Basis zur rechten Seite von (B) mit $\{x_i, y_i; z_j, w_j; s_l, t_l\}$. Für die Reduktion eines $\lambda \in C$ mod $\mathfrak{m}$ schreiben wir $\hat{\lambda}$. Beachtet man die lineare Unabhängigkeit der δ_i, λ_l mod $2C$

über $k^{(2)}$ und weiter, daß für ein $\lambda \in C$ das Element 2λ genau dann verschwindet, wenn $\lambda \in \mathfrak{m}$ ist, so verifiziert man sofort: $N_1 = \left(\sum\limits_{l=1}^{r} k\, s_l\right) \times \Phi$, wobei Φ die Menge der Elemente $(\xi_i, \zeta_j, \omega_j \in k)$

$$\sum_{i=1}^{m} \xi_i\, x_i + \sum_{j=1}^{t} (\zeta_j\, z_j + \omega_j\, w_j)$$

ist mit

$$\sum_{1}^{m} \xi_i^2\, \hat{\gamma}_i + \sum_{1}^{t} (\zeta_j^2\, \hat{\varepsilon}_j + \zeta_j\, \omega_j + \omega_j^2\, \hat{\vartheta}_j) = 0;$$

$N_2 = \left(\sum\limits_{1}^{r} k\, s_l' + \sum\limits_{1}^{m} k\, x_i'\right) \times \Psi$, wobei Ψ die Menge der Elemente $\sum\limits_{1}^{t} (\zeta_j\, z_j' + \omega_j\, w_j')$ ist mit

$$\sum_{1}^{t} \zeta_j\, \omega_j = 0.$$

Jeder maximale lineare Teilraum der Menge N_2 hat die Dimension $r + m + t$ (s. z.B. [Ch], I.4.3). Ein maximaler linearer Teilraum von N_1 hat daher die Gestalt $\left(\sum\limits_{1}^{r} k\, s_l\right) \times G$ mit $G \subset \Phi$, $\dim G = m + t$. Den von den x_i aufgespannten k-Vektorraum bezeichnen wir mit V', den von den z_j, w_j aufgespannten mit V''. Es ist $G \subset V' \oplus V''$. Für die Kodimensionen von $G, V'', G \cap V''$ bezüglich des $(m + 2t)$-dimensionalen Raumes $V' \oplus V''$ gilt

$$\operatorname{codim}(G \cap V'') \leq \operatorname{codim} G + \operatorname{codim} V'' = t + m.$$

Nun ist aber $G \cap V'' = 0$, da wegen der Anisotropie von E die quadratische Form

$$\sum_{1}^{t} (\zeta_j^2\, \hat{\varepsilon}_j + \zeta_j\, \omega_j + \omega_j^2\, \hat{\vartheta}_j)$$

über k ebenfalls anisotrop ist. Es kann nur $t = 0$, also $V'' = 0$ sein. Aus $G \subset V'$ und $\dim G = m$ folgt $G = V'$. Aber auch die Form $\sum\limits_{1}^{m} \xi_i^2\, \hat{\gamma}_i$ ist anisotrop. Daher ist $m = 0$.   q.e.d.

8.3. Sei weiterhin $\mathfrak{c} = 0$. Wir können jeden (nichtausgearteten) Raum E orthogonal zerlegen in einen metabolischen Raum und einen anisotropen Raum L. Wir nennen L einen *Kernraum* von E und bezeichnen die nach Theorem 8.2.1 durch die Ähnlichkeitsklasse von E eindeutig festgelegte Isomorphieklasse (L) als den *Kerntyp* Ker E von E. Als Spezialfall von Satz 6.2.2 erhalten wir

Satz 8.3.1. *E ist durch seinen Kerntyp (L), seine Normgruppe $\mathfrak{g}$ und seine Dimension m bis auf Isomorphie festgelegt.*

Die Bindungen zwischen den Invarianten $(L) \in S(C)$, $\bar{\mathfrak{g}} := \mathfrak{g}/2C \subset C/2C$ und $m \in \mathbb{N}$ sind: L ist anisotrop; $\bar{\mathfrak{g}} > n(L/2L)$; $m - 2 \dim_{k^{(2)}} \bar{\mathfrak{g}} + \dim L$ ist eine gerade Zahl $2r$. Dieses r ist die maximale Anzahl hyperbolischer Ebenen, die sich von E abspalten lassen.

8.4. Theorem 8.2.1 liefert uns Beispiele binärer Räume, *die nicht zu eigentlichen Räumen stark äquivalent sind.* Sei etwa C lokal mit $2 = 0$ und $\mathfrak{m}^2 = 0$. Jeder Raum $E = A(\alpha, \beta)$ mit über $k^{(2)}$ linear unabhängigen $\alpha, \beta \in \mathfrak{m}$ ist anisotrop, also nicht ~ 0. Wegen $d(E) = 1$ ist E zu keinem eigentlichen Raum stark äquivalent. Erst recht gilt dies z.B. für den Raum $A(t_1, t_2)$ über dem formalen Potenzreihenring $k[[t_1, t_2]]$ in 2 Variablen zu einem dyadischen Körper k. Ein anderes Beispiel ist der Raum $A(2, 2)$ über $\hat{\mathbb{Z}}_2$. [Man reduziere mod 4.]

8.5. In C gelte jetzt stets $\mathfrak{m}\mathfrak{c} = 0$. Wir fragen nach Beispielen C, über denen gilt:

(P) Ist $E \neq 0$ ein anisotroper Raum ohne uneigentliche nicht-ausgeartete Teilräume $\neq 0$, so kann nicht $E \sim 0$ sein.

Solche Ringe werden in § 9.4 eine Rolle spielen. Zum Verständnis von (P) sei angemerkt, daß ein uneigentlicher Raum F über C stets genau dann ~ 0 ist, wenn $F/\mathfrak{c}F$ metabolisch ist (siehe 9.3.8). F selbst kann durchaus anisotrop sein.

Bemerkung 8.5.1. Man kann weitergehend fragen, wann über C sogar gilt:

(Q) Für anisotrope Räume E, F ohne von Null verschiedene uneigentliche nichtausgeartete Teilräume folgt aus $E \sim F$ stets $E \cong F$. Diese Frage scheint weniger fruchtbar zu sein. (Q) ist schon für $C = k[t_1, t_2]/(t_1, t_2)^3$ verletzt, wenn k (dyadischer) nicht vollkommener Körper ist (s. aber Satz 9.5.5):

Sei $\varepsilon \in k \setminus k^{(2)}$. Die Räume $E := A(t_1^2, \varepsilon)$, $F := A(t_1^2, \varepsilon + t_2)$ sind über C anisotrop, da $d(E) \neq 1$, $d(F) \neq 1$ ist, und nicht isomorph, da $\mathfrak{g}E \neq \mathfrak{g}F$ ist. Trotzdem ist $E \sim F$ (s. 9.2.1, 9.3.7). Auch für $C = \hat{\mathbb{Z}}_2[t]/(2, t)^3$ ist (Q) verletzt: Man betrachte $A(2t, 1)$ und $A(2t, 1 + t)$ über C und beachte wieder (9.2.1) und (9.3.7).

Satz 8.5.2. *Ist k vollkommen, so hat C die Eigenschaft* (P). $\{\mathfrak{m}\mathfrak{c} = 0$ wird hier nicht gebraucht.$\}$

Beweis. Sei $E \neq 0$ anisotrop über C. Enthält $E/\mathfrak{m}E$ keine hyperbolische Ebene, so ist nach § 8.3 dim $E \leq 2$. Wäre $E \sim 0$, so müßte dim $E = 2$, $d(E) = 1$ sein. Da E eigentlich ist, wäre E doch isotrop. Widerspruch! q.e.d.

Zum Verständnis des folgenden Theorems merken wir an, daß die Menge $\mathfrak{m}^{(2)}$ der Quadrate in $\mathfrak{m}$ ein $k^{(2)}$-Vektorraum ist, da $2\mathfrak{m}^2 = \mathfrak{m}^{(2)}\mathfrak{m} = 0$ ist. Für das Ideal $\mathfrak{m}^{(2)}C$ können wir auch $\mathfrak{m}^{(2)}k$ schreiben.

Lemma 8.5.3. *Sei* $\mathfrak{m}c = 2\mathfrak{m} = 0$. *Die kanonische Abbildung von* $\mathfrak{m}^{(2)} \otimes_{k^2} k$ *auf* $\mathfrak{m}^{(2)}k$ *sei bijektiv. Dann hat C die Eigenschaft (P).*

Beispiel 8.5.4. $(B, \mathfrak{M})$ sei (dyadischer) regulärer lokaler Ring, $\mathfrak{A}$ ein Ideal zwischen $2\mathfrak{M} + \mathfrak{M}^{(2)}\mathfrak{M}$ und $2\mathfrak{M} + \mathfrak{M}^3$. Dann ist die Voraussetzung des Theorems für $C = B/\mathfrak{A}$ erfüllt. {Man unterscheide die Fälle $2 \in \mathfrak{M}^2$, $2 \in \mathfrak{M} \setminus \mathfrak{M}^2$.}

Beweis von Lemma 8.5.3. i) E sei $\neq 0$, aber ~ 0, und besitze keine nichtausgearteten uneigentlichen Teilräume $\neq 0$. Wir müssen zeigen, daß E isotrop ist. Zunächst benutzen wir noch nicht, daß $2\mathfrak{m} = 0$ ist. Aufgrund von Theorem 8.2.1 ist

$$(A) \qquad E \cong \overset{m}{\underset{i=1}{\perp}} A(\alpha_i, \varrho_i)$$

mit $\varrho_i \in C$, $\alpha_i \in \mathfrak{c}$. Wir setzen sämtliche $\alpha_i \neq 0$ voraus, denn sonst ist nichts zu beweisen. Da $E/\mathfrak{m}E$ keine hyperbolischen Ebenen enthält, sind die $\varrho_i \bmod \mathfrak{m}$ über $k^{(2)}$ linear unabhängig. Wir haben Gleichungen $(i = 1, \ldots m)$

$$(B) \qquad \alpha_i = \sum_{\mu=1}^{m} \gamma_{i\mu}^2 \varrho_\mu + \sum_{\nu=1}^{r} \beta_{i\nu}^2 \lambda_\nu + 2\beta_i$$

mit $\gamma_{i\mu}, \beta_{i\nu}, \beta_i \in \mathfrak{m}$ und gewissen $\lambda_\nu \in C$, die mit den ϱ_μ zusammen mod $\mathfrak{m}$ ein über $k^{(2)}$ linear unabhängiges System bilden. Durch eine ähnliche Betrachtung wie in § 8.2.3 erhalten wir nach evtl. Vergrößerung des Systems der λ_j eine Isometrie

$$(C) \qquad \begin{aligned} & E \perp \overset{r}{\underset{j=1}{\perp}} A(0, \lambda_j) \perp \overset{h}{\underset{l=1}{\perp}} A(0, \mu_l) \\ & \cong \overset{m}{\underset{i=1}{\perp}} A(0, \varrho_i) \perp \overset{r}{\underset{j=1}{\perp}} A(0, \lambda_j) \perp \overset{h}{\underset{l=1}{\perp}} A(0, \mu_l) \end{aligned}$$

mit $\mu_l \in \mathfrak{m}$. Wir denken uns nach Wahl der λ_j die μ_l so gewählt, daß h in (C) möglichst klein ist. Wir fassen nun beide Seiten von (C) als Zerlegungen eines Raumes F auf. Sei $\{x_i, y_i \mid i = 1, \ldots n\}$ eine Basis von E zu der Zerlegung (A) und $\{u_j, v_j; s_l, t_l \mid j = 1, \dots m; l = 1, \dots h\}$ eine Ergänzung dieser Basis zu einer Basis von F, die der Zerlegung links in (C) entspricht. Analog bezeichne $\{x_i', y_i'; u_j', v_j'; s_l', t_l'\}$ eine Basis von F zu der Zerlegung rechts. Wir betrachten die Nullstellenmenge N der Normfunktion n auf F. Sei

$$z = \sum_1^m (\xi_i x_i' + \eta_i y_i') + \sum_1^r (\varphi_j u_j' + \psi_j v_j') + \sum_1^h (\sigma_t s_l' + \tau_t t_e')$$

ein Element aus N. Die η_i und ψ_j müssen in $\mathfrak{m}$ liegen, da wir sonst eine lineare Relation zwischen den ϱ_i, $\lambda_j \bmod \mathfrak{m}$ über $k^{(2)}$ herleiten könnten. Ebenso müssen alle $\tau_l \in \mathfrak{m}$ sein. Sonst ließe sich ein $\mu_l \bmod 2C$ linear durch die ϱ_i, λ_j mit Koeffizienten in $C^{(2)}$ ausdrücken und der Raum $A(0, \mu_l)$ auf beiden Seiten von (C) kürzen (s. 6.1.3).

ii) Unter Beachtung von $\mathfrak{m}c = 2\mathfrak{m} = 0$ erhält man aus $n(z) = 0$ jetzt $\sum_1^m \eta_i^2 \varrho_i + \sum_1^r \psi_j^2 \lambda_j = 0$.

Aufgrund unserer Voraussetzung über $\mathfrak{m}^{(2)}k$ müssen alle η_i^2, λ_j^2 verschwinden. $\mathfrak{n}$ bezeichne das Ideal der $\xi \in \mathfrak{m}$ mit $\xi^2 = 0$. Wir erhalten

$$N = \mathfrak{n}F + \sum_1^m C x_i' + \sum_1^r C u_j' + \sum_1^h (C s_l' + \mathfrak{m} t_l').$$

Insbesondere ist N ein C-Modul. Mit Hilfe der nach (B) isotropen Vektoren ($i = 1, \dots m$)

$$\tilde{x}_i := x_i - \sum_{\mu=1}^m \gamma_{i\mu} y_\mu - \sum_{\nu=1}^r \beta_{i\nu} v_\nu$$

erhalten wir ebenso

$$N = \mathfrak{n}F + \sum_1^m C \tilde{x}_i + \sum_1^r C u_j + \sum_1^h (C s_l + \mathfrak{m} t_l).$$

Sei R der Modul der $z \in N$ mit $B(z, N) \subset \mathfrak{n}$. Sicherlich ist $\mathfrak{n} \neq \mathfrak{m}$, denn in (B) sind die $\alpha_i \neq 0$. Daher ist einerseits

(D') $$\qquad R = \sum_1^m C x_i' + \sum_1^r C u_j' + \sum_1^h \mathfrak{m} s_l' + \mathfrak{n}F,$$

andererseits

(D) $$\qquad R = G + \sum_1^h \mathfrak{m} s_j + \mathfrak{n}F,$$

wobei G der Modul der Elemente z in $V := \sum_1^m C \tilde{x}_i + \sum_1^r C u_j$ mit

$B(z, V) \subset \mathfrak{n}$ ist. Das Bild von G in $V/\mathfrak{m}V$ muß nach (D) und (D')
die Dimension $m+r$ über k haben, also mit ganz $V/\mathfrak{m}V$ übereinstimmen. Nach dem Lemma von Nakayama ist $G=V$, d.h.
$B(V, V) \subset \mathfrak{n}$. Insbesondere liegen die $\beta_{ij} = -B(\tilde{x}_i, u_j)$ in $\mathfrak{n}$. Die
Vektoren $x_i - \sum_{\mu=1}^{m} \gamma_{i\mu} y_\mu$ aus E sind isotrop.   q.e.d.

Theorem 8.5.5. *$(C, \mathfrak{m})$ entstehe aus einem (dyadischen) regulären
Ring $(B, \mathfrak{M})$ durch Reduktion nach einem Ideal zwischen $2\mathfrak{M}^2 +
\mathfrak{M}^{(2)}\mathfrak{M}$ und $\mathfrak{M}^3$. Dann hat C die Eigenschaft (P) (s. § 8.5 Anfang).*

N.B. 8.5.6. Wir werden für den Beweis neben $\mathfrak{m}c = 0$ nur die
folgenden leicht zu verifizierenden Eigenschaften von C benutzen:

(8.5.6.1) $C/2\mathfrak{m}$ genügt der Voraussetzung von Lemma 8.5.3.

(8.5.6.2) Für $\xi \in \mathfrak{m}$ folgt aus $\xi^2 \in 2\mathfrak{m}$ stets $\xi \in 2C + \mathfrak{n}$, wobei $\mathfrak{n}$ das
Ideal der $\eta \in \mathfrak{m}$ mit $\eta^2 = 2\eta = 0$ bezeichne.

Beweis von Theorem 8.5.5. Zu zeigen ist, daß ein vorgegebener
Raum $E \neq 0$ über C, der ~ 0 ist und keine uneigentlichen nichtausgearteten Teilräume $\neq 0$ besitzt, isotrop ist. Aus (8.5.3) und
(8.5.4) wissen wir schon, daß $E/2\mathfrak{m}E$ metabolisch ist. Wir können
den Teil i) des Beweises von Lemma 8.5.3 noch einmal durchlaufen,
wobei sich jetzt die Gln. (B) zu $\alpha_i = 2\beta_i$ mit $\beta_i \in \mathfrak{m}$ vereinfachen.
Wir benutzen die dortigen Bezeichnungen. Sei

$$\text{(a)} \qquad \begin{aligned} z = {} &\sum_1^m (\xi_i x_i + \eta_i y_i) + \sum_1^r (\varphi_j u_j + \psi_j v_j) \\ &+ \sum_1^h (\sigma_l s_l + \tau_l t_l) \end{aligned}$$

ein Element aus N. Alle η_i, ψ_j, τ_l müssen in $\mathfrak{m}$ liegen (s. Beweis von
8.5.3, i). Mit (8.5.6.1) folgt aus $n(z) = 0$ weiter, daß alle η_i^2, ψ_j^2 in
$2\mathfrak{m}$ liegen (vgl. Beweis von 8.5.3, ii). Wegen (8.5.6.2) erhalten wir
$(i = 1, \ldots m; j = 1, \ldots r; l = 1, \ldots h)$:

$$\text{(b)} \qquad \eta_i \in 2C + \mathfrak{n}, \quad \psi_j \in 2C + \mathfrak{n}, \quad \tau_l \in \mathfrak{m}.$$

Dasselbe können wir für die Koeffizienten von z bez. der gestrichenen Basis $\{x_i', y_i'; u_j', v_j'; s_l', t_l'\}$ schließen. N enthält den von den
x_i', u_j', s_l' aufgespannten Teilraum U von F. Andererseits ist das
Bild von N in $F/\mathfrak{m}F$ in dem von den Bildern der x_i, u_j, s_l aufgespannten Vektorraum enthalten. Wegen gleicher Dimension muß
dieser Vektorraum mit $U/\mathfrak{m}U$ übereinstimmen. Zu jedem i mit
$1 \leq i \leq m$ gibt es ein $z \in U$, so daß in der Darstellung (a) $\xi_i = 1$ ist

und alle anderen Koeffizienten in $\mathfrak{m}$ liegen. Aus $n(z)=0$ und (b) erhält man $\alpha_i=4\gamma_i$ mit $\gamma_i\in C(1\leqq i\leqq m)$.

Ist $4=0$, so sind wir fertig. Sei $4\neq0$. Wir studieren die Menge Φ der $z\in N$ mit $B(z,\tilde{z})\in 2C+\mathfrak{n}$ für jedes $\tilde{z}\in N$. Dabei unterscheiden wir die Fälle $\mathfrak{m}\neq 2C+\mathfrak{n}$ und $\mathfrak{m}=2C+\mathfrak{n}$. Sei zunächst $\mathfrak{m}\neq 2C+\mathfrak{n}$. Ein $z\in N$ liegt genau dann in Φ, wenn in (a) die $\tau_i\in 2C+\mathfrak{n}$ und die $\sigma_l\in\mathfrak{m}$ sind. Dieselbe Bedingung ergibt sich für die Koeffizienten von z bez. der gestrichenen Basis. Sei M der von Φ in F erzeugte C-Modul. Mit den isotropen Vektoren $y_i'':=-\varrho_i x_i'+2y_i'$, $v_j''=-\lambda_j u_j'+2v_j'$, $t_l''=-\mu_l s_l'+2t_l'$ gilt

$$\text{(c)} \quad M=\sum_1^m (C\,x_i'+C\,y_i'')+\sum_1^r (C\,u_j'+C\,v_j'')+\sum_1^h (\mathfrak{m}\,s_l'+C\,t_l'')+\mathfrak{n}F$$

und $\Phi=M\cap N$. Da $n(M)\subset 4C$ ist, haben wir eine „quadratische Form" $q: M\to k$ mit $n(z)=4q(z)$ für alle $z\in M$ in evidenter Notation. Sei P das Radikal von M, d.h. der Modul der $z\in M$ mit $q(z+\tilde{z})=q(\tilde{z})$ für jedes $z\in M$. Ersichtlich ist

$$\text{(d)} \qquad P=\sum_1^h (\mathfrak{m}\,s_l'+C\,t_l'')+\mathfrak{m}M+\mathfrak{n}F.$$

Die Bilder der Vektoren x_i', y_i'', u_j', v_j'' $(1\leqq i\leqq m, 1\leqq j\leqq r)$ in M/P bilden ein System paarweise orthogonaler hyperbolischer Vektorpaare des quadratischen Raumes M/P über k, das M/P aufspannt (insbes. eine Basis von M/P). Für jeden maximalen C-Modul $W\subset\Phi$ hat also W/P die Dimension $m+r$ über k (z.B. [Ch] I, 4.3). Sei W ein solcher Modul, der den in Φ enthaltenen Modul $\sum_1^r Cu_i$ umfaßt. Für ein in der Gestalt (a) geschriebenes $z\in W$ muß $2B(z,u_j)=2\psi_j=0$ sein $(1\leqq j\leqq r)$, wegen (b) also $\psi_j\in\mathfrak{n}$. Außerdem liegen die σ_l in $\mathfrak{m}$. Mit $\eta_i\equiv 2\zeta_i \bmod \mathfrak{n}$ erhalten wir

$$n(z)=4\sum_1^m (\xi_i^2\gamma_i+\xi_i\zeta_i+\zeta_i^2\varrho_i)=0.$$

Sind alle $\xi_i\in\mathfrak{m}$, so müssen aufgrund der linearen Unabhängigkeit der $\varrho_i \bmod \mathfrak{m}$ über $k^{(2)}$ auch alle ζ_i in $\mathfrak{m}$ liegen. Dann ist $z\in P+\sum_1^r Cu_j$. Da $\dim W/P>r$ ist, muß es also ein $z\in W$ geben, für das nicht alle $\xi_i\in\mathfrak{m}$ sind. Der zugehörige Vektor $\sum_1^m (\xi_i x_i+2\zeta_i y_i)$ erweist E als isotrop.

Es bleibt der Fall $\mathfrak{m} = 2C + \mathfrak{n}$. Dann ist $\Phi = N$. In (c) ist $\mathfrak{m}\, s_i'$ durch $C\, s_i'$ zu ersetzen. (d) ist durch $P = \mathfrak{m}M + \mathfrak{n}F$ zu ersetzen. Die soeben benutzte Methode führt auch jetzt zum Ziel. q.e.d.

§ 9. Das von den uneigentlichen Räumen erzeugte Ideal

9.1. Einige Hilfsformeln. Zunächst darf C ein beliebiger Ring (kommutativ, mit 1) sein. Alle auftretenden Räume werden stillschweigend als nichtausgeartet vorausgesetzt. Kleine griechische Buchstaben bedeuten Elemente aus C.

$$(9.1.1) \qquad (\varepsilon) \otimes A(\alpha, \beta) \cong A(\varepsilon\alpha, \varepsilon^{-1}\beta).$$

Das ist evident. Weiter gilt

$$(9.1.2) \qquad A(2\lambda - \lambda^2\varrho, \varrho) \cong A(0, \varrho),$$

$$(9.1.3) \qquad A(\alpha, \mu) \cong A(-(1-\alpha\mu)^{-1}\alpha, \mu).$$

Zum Beweis ersetze man in einer Basis x, y zur linken Seite x durch $(1-\lambda\varrho)^{-1}(x - \lambda y)$ bzw. $(1-\alpha\mu)^{-1}(x - \alpha y)$.

$$(9.1.4) \quad A(-\alpha, \mu) \perp A(\alpha, \varrho) \cong A(0, \mu) \perp A(-(1-\alpha\varrho)^{-1}\alpha, \varrho + \mu).$$

Das sieht man durch Übergang von einer Basis x_1, y_1, x_2, y_2 für die linke Seite zu der Basis $x_1' = x_1 + x_2$, $y_1' = y_1$,

$$x_2' = (1-\alpha\varrho)^{-1}(x_2 - \alpha y_2), \; y_2' = (y_2 - y_1) + \mu(x_2 + x_1).$$

Ersetzt man in (9.1.4) α durch ein Element der Gestalt $-(1-\beta\varrho)^{-1}\beta$, so erhält man mit (9.1.3)

$$(9.1.5) \quad A(\beta, \varrho) \perp A((1-\beta\varrho)^{-1}\beta, \mu) \cong A(0, \mu) \perp A(\beta, \varrho + \mu).$$

Schließlich verifiziert man ähnlich wie (9.1.4)

$$(9.1.6) \qquad A(\alpha^2\varepsilon, \lambda) \perp (-\varepsilon) \cong A(0, \lambda) \perp (-\varepsilon + \alpha^2\varepsilon^2\lambda).$$

9.2. Kongruenzen mod $W_\mathfrak{a}(C)$. Sei $\mathfrak{a}$ ein Ideal von C. Mit $W(C, \mathfrak{a})$ oder $W(\mathfrak{a})$ bezeichnen wir den Kern der Reduktions-Abbildung von $W(C)$ nach $W(C/\mathfrak{a})$ {„Kongruenzideal" zu $\mathfrak{a}$}, mit $W_\mathfrak{a}(C)$ oder $W_\mathfrak{a}$ das in $W(\mathfrak{a})$ enthaltene Ideal der Elemente von $W(C)$, die sich durch Räume E mit $\mathfrak{n}E \subset \mathfrak{a}$ repräsentieren lassen (s. § 5.2). In § 9.4 werden wir den Quotienten $W(\mathfrak{a})/W_\mathfrak{a}$ für einen dyadischen lokalen Ring $(C, \mathfrak{m})$ und $\mathfrak{a} = \mathfrak{m}$ betrachten. Als Vorbereitung dazu studieren wir jetzt den Ausdruck $A(\alpha, \varrho)$, aufgefaßt als Funktion von $\mathfrak{a} \times C$ nach

$W(\mathfrak{a})/W_\mathfrak{a}$. Zunächst brauchen wir nur vorauszusetzen, daß C semilokal und $2C \subset \mathfrak{a} \subset \mathfrak{r}$ ist mit $\mathfrak{r} :=$ Radikal von C. Im folgenden sind nicht näher bezeichnete Kongruenzen mod $W_\mathfrak{a}$ zu lesen.

Nach (9.1.5) gilt für $\beta, \mu \in \mathfrak{a}$, $\varrho \in C$:

$$(9.2.1) \qquad A(\beta, \varrho) \equiv A(\beta, \varrho + \mu).$$

Seien $\beta_1, \beta_2 \in \mathfrak{a}$, $\varrho \in C$. Da $(1 - \beta_1 \varrho)^{-1} \varrho \equiv \varrho \bmod \mathfrak{a}$ ist, erhalten wir aus (9.1.5) auch

$$(9.2.2) \qquad A(\beta_1, \varrho) + A(\beta_2, \varrho) \equiv A(\beta_1 + \beta_2, \varrho).$$

Diese beiden Kongruenzen werden wir ständig benutzen. Wir wollen in $W_\mathfrak{a}$ ein möglichst großes Kongruenzideal aufsuchen. Für $\lambda \in \mathfrak{a}$, $\varrho \in C$ ist (s. 9.1.2)

$$(9.2.3) \qquad A(2\lambda, \varrho) \equiv A(\lambda^2 \varrho, \varrho).$$

Ersetzt man hierin ϱ durch $\varrho + \mu$ mit $\mu \in \mathfrak{a}$, so gelangt man zu $A(\lambda^2 \mu, \varrho) \equiv 0$. Ersetzt man nun in (9.2.3) λ durch $\lambda \mu$, so gelangt man zu $A(2\lambda \mu, \varrho) \equiv 0$. Es gilt also

Lemma 9.2.4. $W_\mathfrak{a} \supset W(\mathfrak{a}\mathfrak{b})$ *mit* $\mathfrak{b} := 2\mathfrak{a} + \mathfrak{a}^{(2)} C$.

Erneute Auswertung von (9.1.5) liefert uns jetzt — in Verallgemeinerung von (9.2.1) — für $\beta \in \mathfrak{a}$, $\varrho, \sigma \in C$:

$$(9.2.5) \qquad A(\beta, \varrho + \sigma) \equiv A(\beta, \varrho) + A(\beta, \sigma) + A(\beta^2 \varrho, \sigma).$$

[Man beachte $\beta(1 - \beta \varrho)^{-1} \equiv \beta + \beta^2 \varrho \bmod \mathfrak{a}\mathfrak{b}$.]

Für beliebige $\alpha, \beta \in \mathfrak{a}$, $\varrho \in C$, $\sigma \in C^*$ ist

$$(9.2.6) \qquad A(\alpha, \varrho) \otimes A(\beta, \sigma) \equiv A(\alpha\beta, \varrho\sigma) \bmod W_\mathfrak{a}.$$

Zum Beweis zerlege man $A(\beta, \sigma)$ in eindimensionale Räume und beachte (9.1.1).

9.3. Struktur von $W_\mathfrak{m}/W(\mathfrak{m}\mathfrak{c})$: In diesem und dem nächsten Abschnitt sei $(C, \mathfrak{m})$ *dyadischer lokaler* Ring mit Restklassenkörper k. Wir wollen für ein Ideal $\mathfrak{a}$ zwischen $2C$ und $\mathfrak{m}$ den Quotienten $W_\mathfrak{a}/W(\mathfrak{a}\mathfrak{b})$ (vgl. 9.2.4) untersuchen. Nicht näher bezeichnete Kongruenzen sind jetzt mod $W(\mathfrak{a}\mathfrak{b})$ zu lesen.

Aus (9.1.5) ergibt sich für $\alpha_1, \alpha_2, \beta \in \mathfrak{a}$ die im folgenden ständig benutzte Kongruenz

$$(9.3.1) \qquad A(\alpha_1, \beta) + A(\alpha_2, \beta) \equiv A(\alpha_1 + \alpha_2, \beta).$$

Seien $\alpha, \beta \in \mathfrak{a}$. Wegen (9.1.2) ist $A(2\alpha, \beta) \equiv 0$. Aus (9.1.6) folgt $A(\alpha^2 \lambda, \beta) \equiv 0$ für $\lambda \in C^*$ und damit für $\lambda \in C$. Wir haben bewiesen:

Lemma 9.3.2. *Für $\alpha \in \mathfrak{a}$, $\beta \in \mathfrak{b}$ liegt $A(\alpha, \beta)$ in $W(\mathfrak{a}\mathfrak{b})$.*

Seien $\alpha, \beta \in \mathfrak{a}$, $\lambda \in C$. Aus (9.1.2) erhalten wir

$$(9.3.3) \qquad A(2\lambda, \alpha) \equiv A(\lambda^2 \alpha, \alpha),$$

und daraus

$$(9.3.4) \qquad A(\lambda^2 \alpha, \beta) \equiv A(\alpha, \lambda^2 \beta).$$

$\overline{C}$ bezeichne den Ring $C/\mathfrak{a}$, $\overline{C}^{(2)}$ den Teilring der Quadrate von $\overline{C}$. Wir fassen $\overline{\mathfrak{a}} := \mathfrak{a}/\mathfrak{b}$ als Modul über $\overline{C}^{(2)}$ auf. Zu jedem $\overline{\lambda} \in \overline{C}$ haben wir ein wohldefiniertes Element $2\overline{\lambda}$ von $\overline{\mathfrak{a}}$. Wir bilden den Quotienten $\overline{\mathfrak{a}} \cdot \overline{\mathfrak{a}}$ von $\overline{\mathfrak{a}} \otimes_{\overline{C}^{(2)}} \overline{\mathfrak{a}}$ nach der von den Elementen $(2\overline{\lambda}) \otimes \overline{\alpha} + \overline{\lambda}^2 \overline{\alpha} \otimes \overline{\alpha}$ mit $\lambda \in C$, $\alpha \in \overline{\mathfrak{a}}$ erzeugten abelschen Gruppe {die auch die Elemente $\overline{\alpha} \otimes \overline{\beta} - \overline{\beta} \otimes \overline{\alpha}$ mit $\overline{\alpha}, \overline{\beta} \in \overline{\mathfrak{a}}$ enthält}.

(9.3.1) bis (9.3.4) lassen sich wie folgt zusammenfassen:

Satz 9.3.5. *Die Funktion $A(\alpha, \beta)$ mod $W(\mathfrak{a}\mathfrak{b})$ induziert einen surjektiven Homomorphismus*

$$\Omega : \overline{\mathfrak{a}} \cdot \overline{\mathfrak{a}} \twoheadrightarrow W_{\mathfrak{a}}/W(\mathfrak{a}\mathfrak{b})$$

von abelschen Gruppen.

N.B. Für $2 \in \mathfrak{a}^{(2)}$ ist $\overline{\mathfrak{a}} \cdot \overline{\mathfrak{a}} = \overline{\mathfrak{a}} \wedge \overline{\mathfrak{a}}$.

Theorem 9.3.6. *Sei $(C, \mathfrak{m})$ dyadischer lokaler Ring, $\mathfrak{c} := 2\mathfrak{m} + \mathfrak{m}^{(2)}C$, $\overline{\mathfrak{m}} := \mathfrak{m}/\mathfrak{c}$. Die zu $\mathfrak{a} = \mathfrak{m}$ gehörige Abbildung*

$$(9.3.6.1) \qquad \Omega : \overline{\mathfrak{m}} \cdot \overline{\mathfrak{m}} \twoheadrightarrow W_{\mathfrak{m}}/W(\mathfrak{m}\mathfrak{c})$$

ist bijektiv.

Es genügt, die Injektivität dieser Abbildung im Falle $\mathfrak{c} = 0$ zu zeigen. Schaltet man nämlich hinter (9.3.6.1) die kanonische Projektion π von $W_{\mathfrak{m}}(C)/W(C, \mathfrak{m}\mathfrak{c})$ auf $W_{\overline{\mathfrak{m}}}(C/\mathfrak{c})$, so erhält man die entsprechende Abbildung für den Ring $C/\mathfrak{c}$. Nebenher ergibt sich, daß π aufgrund von Theorem 9.3.6 bijektiv sein muß, also

Korollar 9.3.7. $W_{\mathfrak{m}} \cap W(\mathfrak{c}) = W(\mathfrak{m}\mathfrak{c})$.

Beweis von Theorem 9.3.6. Sei also OE $\mathfrak{c} = 0$. Wir denken uns ein vorgegebenes $z \in \mathrm{Ker}\, \Omega$ in der Form

$$(A) \qquad \sum_{i=1}^{m} \alpha_{2i-1} \cdot \alpha_{2i} + \sum_{j=1}^{t} 2\gamma_j \cdot \beta_j + \sum_{l=1}^{r} 2\varepsilon_l \cdot 2\vartheta_l$$

mit $\alpha_\nu, \beta_j \in \mathfrak{m}$, $\gamma_j, \varepsilon_l, \vartheta_l \in C$ so geschrieben, daß das Tripel (m, t, r) in der lexikographisch geordneten Menge $\mathbb{N} \times \mathbb{N} \times \mathbb{N}$ möglichst klein ausfällt. Wir müssen einsehen, daß $m = t = r = 0$ ist. Aufgrund von Theorem 8.2.1 genügt es zu zeigen, daß der Raum

$$(B) \qquad E := \underset{i=1}{\overset{m}{\perp}} A(\alpha_{2i-1}, \alpha_{2i}) \perp \underset{j=1}{\overset{t}{\perp}} A(2\gamma_j, \beta_j)$$
$$\perp \underset{l=1}{\overset{r}{\perp}} A(2\varepsilon_l, 2\vartheta_l)$$

anisotrop ist, also daß die in § 8.1 eingeführte C-wertige Funktion $\hat{n}$ auf $\widehat{E} := E/\mathfrak{m}E$ keine nichttriviale Nullstelle besitzt.

Die Elemente $\alpha_1, \ldots, \alpha_{2m}, \beta_1, \ldots, \beta_t$ müssen mod $2C$ über $k^{(2)}$ linear unabhängig sein, denn sonst ließe sich (m, t, r) verkleinern. [Man beachte die Relationen in $\overline{\mathfrak{m}} \cdot \overline{\mathfrak{m}}$.] Sei $g \in \widehat{E}$ und $\hat{n}(g) = 0$. Wir bezeichnen Reduktionen mod $\mathfrak{m}$ oder $\mathfrak{m}E$ durch Dächer ($\hat{\ }$). Ist

$$\{x_i, y_i; u_j, v_j; s_l, t_l \,|\, i = 1, \ldots r; j = 1, \ldots t; l = 1, \ldots r\}$$

eine zur rechten Seite von (B) passende Basis von E, so muß

$$g = \sum_1^t \hat{\varphi}_j \hat{u}_j + \sum_1^r (\hat{\sigma}_l \hat{s}_l + \hat{\tau}_l \hat{t}_l)$$

mit $\varphi_j, \sigma_l, \tau_l \in C$ sein, denn sonst ließe sich doch eine lineare Abhängigkeit zwischen den α_i, β_j mod $2C$ über $k^{(2)}$ herleiten. Aus $\hat{n}(g) = 0$ folgt

$$(C) \qquad 2 \sum_1^t \varphi_j^2 \gamma_j + 2 \sum_1^r (\sigma_l^2 \varepsilon_l + \sigma_l \tau_l + \tau_l^2 \vartheta_l) = 0$$

Nun können wir in (A) den Ausdruck $2\gamma_j \cdot \beta_j$ ersetzen durch $2 \varphi_j^2 \gamma_j \cdot \varphi_j^{-2} \beta_j$, falls $\hat{\varphi}_j \neq 0$ ist, $2\varepsilon_l \cdot 2\vartheta_l$ ersetzen durch

$$2(\sigma_l^2 \varepsilon_l + \sigma_l \tau_l + \tau_l^2 \vartheta_l) \cdot 2\sigma_l^{-2} \vartheta_l,$$

falls $\hat{\sigma}_l \neq 0$ ist, und durch $2\tau_l^{-2} \varepsilon_l \cdot 2\tau_l^2 \vartheta_l$, falls $\hat{\sigma}_l = 0$, aber $\hat{\tau}_l \neq 0$ ist. Nach dieser Vorbereitung ist es leicht, unter Benutzung von (C) in (A) das Tripel (m, t, r) zu verkleinern, es sei denn, alle $\hat{\varphi}_j, \hat{\sigma}_l, \hat{\tau}_l$ sind Null. Es muß $g = 0$ sein.   q.e.d.

Aus Korollar 9.3.7 folgt mit Theorem 8.2.1

Satz 9.3.8. *Sei* $\mathfrak{m}\mathfrak{c} = 0$. *Ein uneigentlicher Raum* E *über* C *ist genau dann* ~ 0, *wenn* $E/\mathfrak{c}E$ *über* $C/\mathfrak{c}$ *metabolisch ist.*

9.4. Struktur von $W(\mathfrak{m})/W_\mathfrak{m}$. Aufgrund von (9.2.1) bis (9.2.6) können wir eine additive und multiplikative Abbildung

$$(9.4.1) \qquad \Phi\colon \mathfrak{m}/\mathfrak{c}\otimes_{k^{(2)}}k \to W(\mathfrak{m})/W_\mathfrak{m}+W(\mathfrak{c})$$

definieren, indem wir einem Tensor $\bar\alpha\otimes\hat\varrho$ ($\alpha\in\mathfrak{m}$, $\varrho\in C$) die Nebenklasse $A(\alpha,\varrho)\bmod(W_\mathfrak{m}+W(\mathfrak{c}))$ zuordnen. [Rechnet man nur mod $W_\mathfrak{m}$, so ist $A(\alpha,\varrho)$ in ϱ nicht additiv, s. (9.2.5).]

Theorem 9.4.2. *Φ ist bijektiv.*

Beweis: Sei OE $\mathfrak{c}=0$. Wir müssen zeigen: Sind $\varrho_1,\ldots,\varrho_r$ Elemente aus C, die mod $\mathfrak{m}$ über $k^{(2)}$ linear unabhängig sind, weiter $\alpha_1,\ldots\alpha_r$ Elemente aus $\mathfrak{m}$, so daß $\sum_1^r A(\alpha_i,\varrho_i)\in W_\mathfrak{m}$ ist, so sind alle $\alpha_i=0$. Der Raum $E:=\perp_{i=1}^r A(\alpha_i,\varrho_i)$ hat einen uneigentlichen Kernraum (s. § 8.3), andererseits überhaupt keinen uneigentlichen nichtausgearteten Teilraum $\neq 0$ (§ 8.3, man betrachte $E/\mathfrak{m}E$). Daher ist E metabolisch. Die Nullstellenmenge N der Funktion $\hat{n}$ auf $E/\mathfrak{m}E$ (s. § 8.1) enthält also einen k-linearen Raum der Dimension r. Andererseits ist die N umfassende Nullstellenmenge N' der Normfunktion von $E/\mathfrak{m}E$ ein r-dimensionaler linearer Raum, da die $\varrho_i\bmod\mathfrak{m}$ über $k^{(2)}$ linear unabhängig sind. Es muß $N=N'$ sein. Alle α_i sind Null.   q.e.d.

Jetzt betrachten wir $W_\mathfrak{m}+W(\mathfrak{c})/W_\mathfrak{m}\cong W(\mathfrak{c})/W(\mathfrak{m}\mathfrak{c})$ (s. 9.3.7). Mit $\mathfrak{c}/\mathfrak{m}\mathfrak{c}\square k$ bezeichnen wir den Quotienten von $\mathfrak{c}/\mathfrak{m}\mathfrak{c}\otimes_{k^{(2)}}k$ nach der von den Elementen $\overline{2\lambda}\otimes\hat\varrho+\overline{\lambda^2}\hat\varrho\otimes\hat\varrho\,(\lambda\in\mathfrak{m}, \varrho\in C)$ erzeugten abelschen Gruppe. Aufgrund von § 9.2 haben wir eine additive Abbildung

$$(9.4.3) \qquad \Psi\colon \mathfrak{c}/\mathfrak{m}\mathfrak{c}\square k \to W_\mathfrak{m}+W(\mathfrak{c})/W_\mathfrak{m},$$

die einem Element $\bar\alpha\square\hat\varrho$ ($\alpha\in\mathfrak{c}$, $\varrho\in C$) das Bild $A(\alpha,\varrho)\bmod W_\mathfrak{m}$ zuordnet.

Theorem 9.4.4. *$C/\mathfrak{m}\mathfrak{c}$ besitze die in § 8.5 diskutierte Eigenschaft* (P). *Dann ist Ψ bijektiv.*

Beweis. Sei OE $\mathfrak{m}\mathfrak{c}=0$. Angenommen, Ker Ψ enthält ein Element $z\neq 0$. Wir schreiben

$$(A) \qquad z=\sum_{i=1}^m\alpha_i\square\hat\varrho_i$$

mit $\alpha_i\in\mathfrak{c}$, $\varrho_i\in C$ und möglichst kleinem m. Dann sind die $\hat\varrho_i$ über $k^{(2)}$ linear unabhängig. $E:=\perp_1^m A(\alpha_i,\varrho_i)$ enthält keinen nichtausgearteten uneigentlichen Teilraum $\neq 0$. Das Bild von E in $W(C)$ liegt in $W_{\mathfrak{m}} \cap W(\mathfrak{c}) = 0$. Aufgrund der Eigenschaft (P) muß E also isotrop (sogar metabolisch) sein. Sei

$$(B) \qquad \sum_{i=1}^{m} (\alpha_i \xi_i^2 + 2\xi_i \eta_i + \varrho_i \eta_i^2) = 0$$

eine Gleichung, bei der nicht alle ξ_i, η_i in $\mathfrak{m}$ liegen. Wegen der linearen Unabhängigkeit der $\varrho_i \bmod \mathfrak{m}$ über $k^{(2)}$ sind alle $\eta_i \in \mathfrak{m}$. Sei etwa $\xi_1 \in C^*$ und dann (B) auf $\xi_1 = 1$ normiert. Ersetzt man in (A) das Element α_1 durch

$$2\eta_1 + \eta_1^2 + \sum_{i=2}^{m} (\alpha_i \xi_i^2 + 2\xi_i \eta_i + \varrho_i \eta_i^2),$$

so gelangt man leicht zu einem kürzeren Ausdruck für z (vgl. Ende des Beweises von Theorem 9.3.6). Widerspruch!   q.e.d.

9.5. Die σ-Invariante. Nach wie vor seien alle auftretenden Räume nichtausgeartet. C sei jetzt semilokaler Ring mit maximalen Idealen $\mathfrak{m}_1, \ldots \mathfrak{m}_r$, dessen sämtliche Restklassenkörper $C/\mathfrak{m}_i$ *vollkommen* und dyadisch seien. $\mathfrak{r}$ bezeichne das Radikal von C und $\mathfrak{c}$ das Ideal $2\mathfrak{r}^2 + \mathfrak{r}^{(2)} C$. Im folgenden wird das Ideal $\mathfrak{w}$ die Hauptrolle spielen, welches die Elemente $2\lambda - \lambda^2$ mit $\lambda \in \mathfrak{r}$ in dem Ring $\mathfrak{r} \cup (1 + \mathfrak{r})$ erzeugen. $\mathfrak{w}$ ist ersichtlich die Menge der Elemente $2\lambda + \lambda^2 + \mu$ mit $\lambda \in \mathfrak{r}$, $\mu \in \mathfrak{r}\mathfrak{c}$. Man verifiziert sofort, daß $\mathfrak{w}$ sogar Ideal ist in dem Ring C_0 aller $\xi \in C$ mit $\xi^2 \equiv \xi \bmod \mathfrak{r}$, d.h. dem Urbild von $\mathbb{F}_2 \times \cdots \times \mathbb{F}_2$ unter der Restklassenabbildung von C nach $C/\mathfrak{r}$.

Sei E ein Raum über dem Produkt $C/\mathfrak{r}$ der Restklassenkörper. Da diese vollkommen sind, haben wir eine $C/\mathfrak{r}$-lineare Funktion $z \mapsto \sqrt{n(z)}$ auf E, also ein ausgezeichnetes Element u_E in E mit $B(z, u_E)^2 = n(z)$ für alle $z \in E$. Mit einem weiteren Raum F über $C/\mathfrak{r}$ gilt

$$(9.5.1) \qquad u_{E \perp F} = u_E + u_F, \quad u_{E \otimes F} = u_E \otimes u_F.$$

Weiter zeigt man leicht

$$(9.5.2) \qquad n(u_E) = v(E).$$

[$=$ kanonisches Bild der Zahl $\dim E$ in $C/\mathfrak{r}$.]

Hilfssatz 9.5.3. *Sei E ein Raum über C, $\widehat{E} := E/\mathfrak{r}E$. Für zwei beliebige Urbilder u, u' von $u_{\widehat{E}}$ in E ist $n(u') - n(u) \in \mathfrak{w}$.*

Beweis. $u' = u + \sum_{i=1}^{t} \lambda_i v_i$ mit endlich vielen $\lambda_i \in \mathfrak{r}$, $v_i \in E$, also

$$n(u') = n(u) + \sum_i [2\lambda_i B(u, v_i) + \lambda_i^2 B(u, v_i)^2] +$$

$$+ 2\sum_{i<j} \lambda_i \lambda_j B(v_i, v_j) + \sum_i \lambda_i^2 [n(v_i) - B(u, v_i)^2]. \quad \text{q.e.d.}$$

$\tilde{C}_0$ bezeichne den Teilring $\bigcup_e (e + \mathfrak{r})$ von C_0, wobei e alle Elemente von C mit $e^2 = e$ durchlaufe. Wegen (9.5.3) und (9.5.2) können wir jedem Raum E über C eine „σ-*Invariante*" $\sigma(E) = n(u) + \mathfrak{w}$ in $\tilde{C}_0/\mathfrak{w}$ zuordnen mit beliebigem Urbild u von u_E in E. {Vgl. [Bl], [Se] S. 03, falls $C = \hat{\mathbb{Z}}_2$. Dann ist $\mathfrak{w} = 8C$.} Für $\alpha \in \mathfrak{r}$ ist $\sigma((1+\alpha)) = 1 + \alpha + \mathfrak{w}$. Da $\sigma(E)$ additiv und multiplikativ von E abhängt (s. 9.5.1) und verschwindet, falls $n(E) \subset \mathfrak{r}$ ist, induziert diese Invariante einen — ersichtlich surjektiven — Ringhomomorphismus

$$\bar{\sigma}: \quad W(C)/W_{\mathfrak{r}}(C) \twoheadrightarrow \tilde{C}_0/\mathfrak{w}.$$

Theorem 9.5.4. $\underline{\bar{\sigma}}$ *ist bijektiv.*

Beweis. Es genügt, zu der Einschränkung $\tilde{\sigma}: W_0/W_{\mathfrak{r}} \twoheadrightarrow \mathfrak{r}/\mathfrak{w}$ von $\bar{\sigma}$ eine inverse Abbildung zu finden. Wir ordnen jedem $\alpha \in \mathfrak{r}$ die Nebenklasse $A(\alpha, 1) + W_{\mathfrak{r}}$ zu. Diese Zuordnung ist nach (9.2.2) und (9.2.6) additiv und multiplikativ und bildet ein Element $2\lambda - \lambda^2$ auf Null ab (s. 9.1.2). Daher induziert sie eine Abbildung $\Lambda: \mathfrak{r}/\mathfrak{w} \to W_0/W_{\mathfrak{r}}$, für die man sofort $\tilde{\sigma} \circ \Lambda = \text{Id}$ verifiziert. Wir beenden den Beweis, indem wir die Surjektivität von Λ zeigen. $W_0/W_{\mathfrak{r}}$ wird erzeugt von den Elementen $A(\alpha, \varrho) + W_{\mathfrak{r}}$ mit $\alpha \in \mathfrak{r}$, $\varrho \in C$. Ein solches Element ändert sich nicht, wenn wir ϱ mod $\mathfrak{r}$ variieren (s. 9.2.1), kann also wegen der Vollkommenheit der $C/\mathfrak{m}_i$ in der Gestalt $A(\alpha, \lambda^2) + W_{\mathfrak{r}}$ mit $\lambda \in C$ geschrieben werden. Aufgrund von (9.1.6) ist $A(\alpha, \lambda^2) \perp (-1) \sim (-1 + \alpha\lambda^2)$, also $A(\alpha, \lambda^2) \sim A(\alpha\lambda^2, 1)$. q.e.d.

Ich empfehle dem Leser das Vergnügen, die Injektivität von Λ für lokales C ohne Benutzung der σ-Invarianten aus (8.5.2), (9.4.2) und (9.4.4) herzuleiten.

Wir können jetzt einen Satz beweisen, der die Beispiele in (8.5.1) beleuchtet.

Satz 9.5.5. *Ein dyadischer lokaler Ring* $(C, \mathfrak{m})$ *mit* $2\mathfrak{m} = \mathfrak{m}c = 0$ *und vollkommenem Restklassenkörper hat die in* (8.5.1) *formulierte Eigenschaft* (Q).

Beweis. Es ist $\mathfrak{c} = \mathfrak{w} = \mathfrak{m}^{(2)}$. Wir müssen zeigen, daß für zwei äquivalente anisotrope Räume E, F über C, die keine uneigentlichen nichtausgearteten Teilräume $\neq 0$ besitzen, aus $E \sim F$ schon $E \cong F$ folgt. Aufgrund des Beweises von Satz 8.5.2 brauchen wir nur noch den Fall $\dim E = \dim F = 2$ zu betrachten. Indem wir beide Räume simultan mit einer Quadratklasse tensorieren, erreichen wir, daß $E \cong A(\alpha, 1)$, $F \cong A(\alpha', 1 + \mu)$ mit α, α', $\mu \in \mathfrak{m}$ ist. $\sigma(E) = \alpha + \mathfrak{w}$ und $\sigma(F) = \alpha' + \mathfrak{w}$ stimmen überein. Daher ist $\alpha' = \alpha + \lambda^2$ mit $\lambda \in \mathfrak{m}$. Sei x, y eine Basis von F mit der Wertematrix $A(\alpha', 1 + \mu)$. Indem wir x zu $(1 - \lambda - \lambda\mu)^{-1}(x - \lambda y)$ abändern, sehen wir, daß wir von vornherein $\alpha = \alpha'$ annehmen können. Nach Theorem 8.2.1 sind die Reduktionen von $A(\alpha, 1)$ und $A(\alpha, 1 + \mu)$ mod $\mathfrak{c}$ metabolisch oder zueinander isomorph. Der erste Fall scheidet aus, da sich α dann als Quadrat herausstellen würde, $A(\alpha, 1)$ also isotrop wäre. Daher gibt es eine Kongruenz $1 + \mu \equiv \alpha \xi^2 + \eta^2 \bmod \mathfrak{c}$ mit ξ, $\eta \in C$. Ersichtlich ist $\eta \equiv 1 \bmod \mathfrak{m}$, somit $\mu = \alpha \xi^2 + \lambda^2$ mit einem $\lambda \in \mathfrak{m}$. F enthält einen Vektor der Norm 1, nämlich $(1 + \lambda)^{-1}(y + \xi x)$. Mit $d(E) = d(F)$ folgt $E \cong F$.   q.e.d.

§ 10. Körper der Charakteristik 2

10.1 (vgl. [Pf]). Sei k dyadischer Körper. In $W(k)$ ist $2 = 0$. Jedes Element aus $W_0(k)$ hat Quadrat 0. Insbesondere ist $W(k)$ lokaler Ring. Ist das maximale Ideal $W_0(k)$ endlich erzeugt, so muß $Q(k) = k^*/k^{*2}$ endlich sein (s. 4.3.2) und daher auch $W(k)$ eine endliche Menge sein, denn es gibt eine Surjektion

$$\mathbb{Z}_2[Q(k)] \twoheadrightarrow W(k).$$

(Alles dies bleibt über jedem lokalen Ring mit $2 = 0$ richtig.)

10.2. Sei L eine separable Körpererweiterung von k. Dann ist die kanonische Abbildung von $W(k)$ nach $W(L)$ injektiv. Es gilt sogar

Satz 10.2.1. *Für jeden anisotropen Raum E über k ist auch $E \otimes L$ über L anisotrop.*

Beweis. Man zieht sich sofort auf den Fall zurück, daß L/k algebraisch separabel von endlichem Grad ist. Wir können L so vergrößern, daß L/k überdies galoisch ist. Sei K der Zwischenkörper zu einer 2-Sylowgruppe der Galoisgruppe von L/k. Für die Erweiterung K/k von ungeradem Grade folgt die Behauptung aufgrund einer wohlbekannten Argumentation ([Sp], vgl. auch [Sch]).

Sie braucht also nur noch für L/K bewiesen zu werden. Da L aus K durch sukzessive Erweiterungen vom Grade 2 gewonnen werden kann, genügt es schließlich, die Behauptung für den Fall $L = k(\vartheta)$ mit $\vartheta \notin k$, $\vartheta^2 - \vartheta \in k$ zu verifizieren. Sei $E = (\varrho_1, \ldots, \varrho_n)$. Eine Gleichung

$$\sum_i \varrho_i (\alpha_i + \beta_i \vartheta)^2 = 0 \qquad (\alpha_i, \beta_i \in k)$$

hat zu ϑ den Koeffizienten $\sum_i \varrho_i \beta_i^2 = 0$. Da E anisotrop ist, müssen alle β_i verschwinden und dann auch alle α_i.   q.e.d.

§ 11. Dedekindringe

11.1. Zunächst sei C allgemeiner ein *prüferscher* Ring, d.h. ein Integritätsbereich, über dem jeder endlich erzeugte torsionsfreie Modul projektiv ($=$ lokal frei) ist. L bezeichne den Quotientenkörper von C. Alle auftretenden Räume werden als nicht ausgeartet vorausgesetzt, soweit aus dem Kontext nicht anderes hervorgeht.

Sei E ein Raum über C, den wir uns in $E \otimes L$ eingebettet denken. Ist V totalisotroper Teilraum von $E \otimes L$, so ist $V \cap E$ totalisotroper Teilraum von E, denn $E/V \cap E$ ist torsionsfrei und endlich erzeugt, also projektiv. Aus dieser Bemerkung folgt sofort [unter Beachtung von § 8.3, falls L dyadisch]:

Satz 11.1.1. *Alle maximalen totalisotropen Teilräume von E haben gleiche Dimension. Ist $E \otimes L$ metabolisch, so auch E. Die kanonische Abbildung $W(C) \to W(L)$ ist injektiv.*

Mit Hilfe des kanonischen kommutativen Diagramms (s. § 3.5)

$$\begin{array}{ccccccccc}
0 & \to & KM(C) & \to & K(C) & \to & W(C) & \to & 0 \\
& & \downarrow & & \downarrow & & \downarrow & & \\
0 & \to & KM(L) & \to & K(L) & \to & W(L) & \to & 0
\end{array}$$

erhalten wir, unter Beachtung von $KM(L) = \mathbb{Z}H$, die

Folgerung 11.1 2. Der Kern der kanonischen Abbildung $K(C) \to K(L)$ ist die Menge $KM(C)_0$ der nulldimensionalen Elemente in der Grothendieckgruppe $KM(C)$ der metabolischen Räume über C.

Wir wollen die zu $KM(C)_0$ isomorphe abelsche Gruppe $KM(C)/\mathbb{Z}H$ untersuchen. Ab jetzt sei C ein *Dedekindring*. Dann ist jeder endlich erzeugte projektive Modul U direkte Summe eines freien Moduls und eines inversiblen Moduls $\mathfrak{a}$ (z.B. [OM] 81:5,

$[Se]_1$ Th. 1), der durch U bis auf Isomorphie festgelegt ist: $\mathfrak{a} \cong \overset{n}{\wedge} U$ mit $n := \dim U$. Die Räume $H(\mathfrak{a})$ mit inversiblem $\mathfrak{a}$ repräsentieren also alle Elemente von $KM(C)/\mathbb{Z}H$.

Satz 11.1.3. *Ist $2 = 0$ in C, so ist $KM(C) = \mathbb{Z}H$, also $K(C) \to K(L)$ injektiv.*

Beweis. $H(\mathfrak{a})$ ist ein freier Raum, auf dem die Normfunktion verschwindet. Daher ist $H(\mathfrak{a}) \cong H$.   q.e.d.

Für den Rest des Paragraphen *setzen wir $2 \neq 0$ voraus.* Für inversible C-Moduln $\mathfrak{a}, \mathfrak{b}$ ist $\mathfrak{a} \oplus \mathfrak{b} \cong \mathfrak{ab} \oplus C$, also $H(\mathfrak{a}) \perp H(\mathfrak{b}) \cong H(\mathfrak{ab}) \perp H$. Ferner ist $H(\mathfrak{a}) \cong H(\mathfrak{a}^{-1})$. Wir erhalten

Lemma 11.1.4. *Die Zuordnung $\mathfrak{a} \mapsto H(\mathfrak{a})$ liefert einen Epimorphismus*

$$h: \operatorname{Pic}(C) \twoheadrightarrow KM(C)/\mathbb{Z}H$$

von abelschen Gruppen, dessen Kern $2\operatorname{Pic}(C)$ umfaßt.

11.2. Hilfsbetrachtungen (C Dedekindring mit $2 \neq 0$). Wir benötigen einige aus der Zahlentheorie der quadratischen Formen bekannten Gedankengänge in schwacher Version. Im Hinblick auf die klassische Literatur (z. B. [K], [OM]) können wir uns kurz fassen.

Zu jedem Primideal $\mathfrak{p}$ von C bezeichnen wir mit $\hat{C}_\mathfrak{p}$, $\hat{L}_\mathfrak{p}$ die Komplettierungen von C und L bez. $\mathfrak{p}$. Für einen Raum M über C schreiben wir anstelle von $M \otimes \hat{C}_\mathfrak{p}$ auch $\hat{M}_\mathfrak{p}$. $\Gamma(M)$ bezeichne die Menge der Klassen im *Geschlecht* von M, d. h. der $(N) \in S(C)$ mit $\hat{N}_\mathfrak{p} \cong \hat{M}_\mathfrak{p}$ für alle Primideale $\mathfrak{p}$. Dabei sei angemerkt, daß aus der Bedingung $N \otimes L \cong M \otimes L$ zu $\mathfrak{p} = \{0\}$ die Bedingungen $\hat{N}_\mathfrak{p} \cong \hat{M}_\mathfrak{p}$ für alle ungeraden maximalen $\mathfrak{p}$ ($2 \nmid \mathfrak{p}$) folgen ([E], S. 52, [OM] 91:2). Ist $(N) \in \Gamma(M)$, so haben wir einen Isomorphismus σ von $M \otimes L$ auf $N \otimes L$ und lokale Automorphismen $\sigma_\mathfrak{p} \in O^+(N \otimes \hat{L}_\mathfrak{p})$ zu allen $\mathfrak{p} \in \operatorname{Max}(C)$, so daß

$$(11.2.1) \qquad \hat{N}_\mathfrak{p} = \sigma_\mathfrak{p}\, \sigma\, \hat{M}_\mathfrak{p} \qquad (\mathfrak{p} \in \operatorname{Max} C)$$

ist. Man beachte dazu, daß alle $O^-(\hat{N}_\mathfrak{p})$ nicht leer sind ([OM] 91:4).

$\nu_\mathfrak{p}$ bezeichne zu (11.2.1) die mod 2 festgelegte Ordnung des Wertes $\Theta(\sigma_\mathfrak{p})$ der Spinonorm

$$(11.2.2) \qquad \Theta: O^+(N \otimes \hat{L}_\mathfrak{p}) \to \hat{L}_\mathfrak{p}^* / \hat{L}_\mathfrak{p}^{*2}.$$

Nun ist für ungerades $\mathfrak{p} \in \operatorname{Max} C$ das Bild von $O^+(\hat{N}_\mathfrak{p}) \subset O^+(N \otimes L_\mathfrak{p})$ in $\hat{C}_\mathfrak{p}^* \hat{L}_\mathfrak{p}^{*2}$ enthalten, denn $O(\hat{N}_\mathfrak{p})$ wird erzeugt durch Spiegelungen τ_x

an Vektoren $x \in \hat{N}_{\mathfrak{p}}$ mit $n(x)$ Einheit, definiert durch

$$(11.2.3) \qquad \tau_x(y) = y - 2n(x)^{-1} B(x, y) x$$

([OM] 92:4, [Kl], [Kn]). Das in $\operatorname{Pic}(2^{-\infty} C)_2$ gebildete Produkt

$$(11.2.4) \qquad \varphi(M, N) := \prod_{\mathfrak{p} \nmid 2} (\mathfrak{p})^{\nu_{\mathfrak{p}}}$$

$\{(\mathfrak{p}) := \text{Bild von } \mathfrak{p} \text{ in } \operatorname{Pic}(2^{-\infty} C)_2\}$ hängt daher ersichtlich nur von den Isomorphieklassen (M), (N) ab. Man hat so zu jedem Geschlecht $\Gamma \subset S(C)$ eine wohldefinierte Funktion $\varphi : \Gamma \times \Gamma \to \operatorname{Pic}(2^{-\infty} C)_2$. Stammen M', N' aus einem weiteren Geschlecht Γ', so ist

$$(11.2.5) \qquad \varphi(M \perp M', N \perp N') = \varphi(M, N)\, \varphi(M', N').$$

$\Sigma(M)$ bezeichne die Menge der Klassen (N) im *Spinorgeschlecht* von M, d.h. derjenigen $(N) \in \Gamma(M)$, für die sich in (11.2.1) die $\sigma_{\mathfrak{p}}$ im Kern $O'(N \otimes \hat{L}_{\mathfrak{p}})$ der Spinornorm (11.2.2) wählen lassen. Später brauchen wir folgenden leicht zu verifizierenden

Hilfssatz 11.2.6. *Sei M ein Raum über C mit $\Theta\big(O^+(\hat{M}_{\mathfrak{p}})\big) = \hat{C}_{\mathfrak{p}}^* \hat{L}_{\mathfrak{p}}^{*2}$ für ungerades $\mathfrak{p} \in \operatorname{Max} C$, $= \hat{L}_{\mathfrak{p}}^*$ für gerades $\mathfrak{p} \in \operatorname{Max} C$ und $= L^*$ für $\mathfrak{p} = \{0\}$. Dann liegt jede Klasse $(N) \in \Gamma(M)$ mit $\varphi(M, N) = 1$ im Spinorgeschlecht $\Sigma(M)$.*

Beispiel 11.2.7. Die Voraussetzung des Hilfssatzes ist erfüllt, falls M einen hyperbolischen Teilraum $\neq 0$ besitzt und $\mathfrak{g}M/2C$ (s. §6.1) für jedes der endlich vielen maximale Ideale von $C/2C$ eine Erzeugende enthält. [Man benutze Transformationen $R(\varepsilon, f_1, f_2)$ aus §6.1 und Spiegelungen τ_x mit $x \in \hat{M}_{\mathfrak{p}}$, $n(x)$ Teiler von 2, s. 11.2.3.]

Schließlich benötigen wir die folgende schwache Version des starken Approximationssatzes aus [K] {die für einen quadratischen Rauch V auch bei dyadischem L richtig bleibt}:

Satz 11.2.8. *Sei V ein isotroper Raum über L, M ein C-Gitter von V. An endlich vielen Primstellen $\mathfrak{p}_i \in \operatorname{Max} C$, $1 \leq i \leq r$, seien Gitter N_i der Komplettierungen $\hat{V}_{\mathfrak{p}_i}$ vorgegeben und Elemente σ_i aus den Spinorkernen $O'(\hat{V}_{\mathfrak{p}_i})$. Dann gibt es ein $\sigma \in O'(V)$ mit $(\sigma - \sigma_i)\, \hat{M}_{\mathfrak{p}_i} \subset N_i$ für $1 \leq i \leq r$ und $\sigma \hat{M}_{\mathfrak{q}} = \hat{M}_{\mathfrak{q}}$ für alle maximalen $\mathfrak{q} \neq \mathfrak{p}_1, \dots \mathfrak{p}_r$.*

Zum Beweis. Indem man die σ_i als Produkte gleicher Länge von Kommutatoren $(\tau_x \tau_y)^2$ schreibt und die x, y in dem Vektorraum V schwach approximiert, erhält man zunächst ein $\varrho \in O'(V)$ mit

$(\varrho - \sigma_i)\,\hat{M}_{\mathfrak{p}_i} \subset N_i$ für $1 \leq i \leq r$ (s. [OM], S. 315). Nun schreibe man ϱ bis auf einen Faktor ± 1 als Produkt von Transformationen $E(f, g, \frac{1}{2}\,n(g))$ (s. § 6.1) mit isotropen $f \in M$ und dazu senkrechten $g \in V$ ([D], S. 61). Man suche zu jedem g ein $\tilde{g} \in (Lf)^{\perp}$, das an den Stellen $\mathfrak{p}_1, \ldots, \mathfrak{p}_r$ nahe an g liegt und an den anderen Stellen $\mathfrak{q}$ in $\hat{M}_{\mathfrak{q}}$. (starke Approximation). Das ϱ entsprechende Produkt σ von ± 1 und den $E(f, \tilde{g}, \frac{1}{2}\,n(\tilde{g}))$ leistet das Verlangte.   q.e.d.

Aus diesem Satz erhält man in bekannter Weise ([K])

Folgerung 11.2.9. Ist M isotroper Raum über C, so enthält $\Sigma(M)$ nur die Klasse von M.

11.3. Ist M ein metabolischer Raum der Dimension $2r$ über C, so gibt es einen Raum G, so daß $M \perp G \cong M' \perp G$ mit hyperbolischem M' ist, also $M \perp G$ im Geschlecht von $r \times H \perp G$ liegt. Das Element

$$\psi(M) := \varphi(M \perp G, r \times H \perp G)$$

von $\mathrm{Pic}\,(2^{-\infty} C)_2$ (s. 11.2.4) hängt nicht von der Wahl von G ab und ist eine additive Funktion von M (s. 11.2.5). ψ induziert also einen Homomorphismus

$$(11.3.1) \qquad \Psi \colon\; KM(C)/\mathbb{Z}\,H \to \mathrm{Pic}\,(2^{-\infty} C)_2.$$

Dieser ist surjektiv, denn man verifiziert sofort den

Hilfssatz 11.3.2. *Das Produkt $\Psi \circ h$ der Abbildungen in (11.1.4) und (11.3.1) ist die kanonische Surjektion von* $\mathrm{Pic}\,(C)$ *auf* $\mathrm{Pic}\,(2^{-\infty} C)_2$.

Bemerkung 11.3.3. Insbesondere hat h im Falle $2 \in C^*$ den Kern $2\,\mathrm{Pic}\,(C)$ (s. 11.1.4). Diese Aussage läßt sich samt Beweis für nicht-ausgeartete *quadratische* Räume („quadratic space" [Ba], S. 144) auf alle Dedekindringe übertragen.

Satz 11.3.4. *Die Abbildung Ψ (s. 11.3.1) ist bijektiv.*

Beweis. Sei M hyperbolischer Raum der Dimension $2r$ über C mit $\psi(M) = 0$. Wir wählen einen Raum G mit den in (11.2.7) beschriebenen Eigenschaften. Dann liegen nach (11.2.6) $M \perp G$ und $r \times H \perp G$ im gleichen Spinorgeschlecht, sind also isomorph (s.11.2.9). M hat in $KM(C)/\mathbb{Z}\,H$ das Bild Null.   q.e.d.

Mit (11.3.2) und (11.1.2) ergeben sich die

Folgerungen 11.3.5. Die Abbildung h von $\mathrm{Pic}\,(C)$ auf $KM(C)/\mathbb{Z}\,H$ (s. 11.1.4) hat den Kern $2\,\mathrm{Pic}\,(C) + \sum_{\mathfrak{p}|2} \mathbb{Z}\,(\mathfrak{p})$. Die kanonische Abbildung von $K(C)$ nach $K(2^{-\infty} C)$ ist injektiv.

Satz 11.3.6. *M sei i s o t r o p e r Raum über C. Ein weiterer Raum N über C ist genau dann stark äquivalent zu M, wenn die Räume $2^{-\infty} M$, $2^{-\infty} N$ über $2^{-\infty} C$ isomorph sind.*

Beweis. Wir können aufgrund von (11.3.5) $2 \in C^*$ annehmen und müssen nur noch von $M \approx N$ auf $M \cong N$ schließen. Nach dem lokalen Kürzungssatz 6.1.3 liegt N im Geschlecht von M. Mit (11.2.5) erhalten wir $\varphi(M, N) = 1$. Nach (11.2.6) muß N sogar im Spinorgeschlecht von M liegen, also nach (11.2.9) zu M isomorph sein. q.e.d.

Nach einem allgemeinen Satz von A. Roy ([R]) folgt $M \cong N$ aus $M \approx N$, falls $2 \in C^*$ ist und M einen mindestens vierdimensionalen hyperbolischen Raum enthält.

§ 12. Bewertungsringe der Höhe 1

12.1. Wir wollen die Beziehungen zwischen den Wittringen eines Bewertungsringes C der Höhe 1 ([B]$_2$, § 4), seines Quotientenkörpers L und seines Restklassenkörpers k untersuchen. $v\colon L \twoheadrightarrow \Gamma \cup \{\infty\}$ sei eine Bewertungsfunktion zu C. Die Verknüpfung in der Wertegruppe Γ schreiben wir additiv. $\mathfrak{m}$ bezeichnet das maximale Ideal von C. Alle auftretenden Räume seien nichtausgeartet. Aufgrund von (11.1.1) fassen wir $W(C)$ als Teilring von $W(L)$ auf.

Hilfssatz 12.1.1. *Der Kern $W(C, \mathfrak{m})$ der Reduktionsabbildung $W(C) \twoheadrightarrow W(k)$ ist sogar ein Ideal von $W(L)$.*

Beweis. $W(C, \mathfrak{m})$ wird von den Räumen

$$(*) \qquad A(\alpha, \beta) \quad \text{mit} \quad v(\alpha) \geqq 0, \, v(\beta) > 0,$$

additiv erzeugt, $W(L)$ von der Quadratklassengruppe $Q(L)$. Da Γ archimedisch geordnet ist, enthält jede Quadratklasse zu vorgegebener Matrix $(*)$ ein Element λ mit $0 \leqq v(\lambda) \leqq v(\beta)$. Über L ist $(\lambda) \otimes A(\alpha, \beta)$ zu $A(\lambda\alpha, \lambda^{-1}\beta)$ isomorph. Dieser Raum hat wieder die Gestalt $(*)$. [Man unterscheide die Fälle $v(\lambda) > 0$, $v(\lambda) = 0$.] q.e.d.

Wir wählen in L^* ein Vertretersystem $\varDelta$ von $Q(L)/Q(C) \cong \Gamma/2\Gamma$ mit $1 \in \varDelta$.

Hilfssatz 12.1.2. *Jedes $\xi \in W(L)$ läßt sich schreiben als Summe*

$$\xi = \sum_{\delta \in \varDelta} \eta_\delta(\delta)$$

mit Elementen η_δ von $W(C)$, die fast alle verschwinden.

Diese Behauptung ist klar für $\xi \in Q(L)$, also für jedes $\xi \in W(L)$.

Hilfssatz 12.1.3. *Zu jedem δ aus einer endlichen Teilmenge Δ' von Δ sei ein Element $\eta_\delta \in W(C)$ gegeben. Gilt dann in $W(L)$*

$$(**) \qquad \sum_{\delta \in \Delta'} \eta_\delta(\delta) = 0,$$

so müssen alle η_δ in $W(C, \mathfrak{m})$ liegen.

Beweis. Angenommen es gibt solche Relationen, bei denen nicht alle Koeffizienten in $W(C, \mathfrak{m})$ liegen, und die wir als „bösartig" bezeichnen. Wir wählen eine bösartige Relation $(**)$ von minimaler Länge $|\Delta'|$. Da sich $W(C)$ in $W(L)$ injiziert, muß $|\Delta'| > 1$ sein. Kein Koeffizient η_δ, $\delta \in \Delta'$ darf in $W(C, \mathfrak{m})$ liegen, denn sonst ließe sich aus $(**)$ nach Hfs. 12.1.1 eine kürzere bösartige Relation herleiten. Durch Multiplikation mit einer geeigneten Quadratklasse normieren wir $(**)$ so, daß $1 \in \Delta'$ ist. Zu jedem $\delta \in \Delta'$ wählen wir einen Raum E_δ über C mit Bild η_δ. Dazu suchen wir eine Zerlegung $E_\delta = F_\delta \perp M_\delta$, so daß $F_\delta \otimes k$ anisotrop und $M_\delta \otimes k$ metabolisch ist, indem wir eine geeignete Zerlegung von $E_\delta \otimes k$ liften. Ersetzt man in $(**)$ die η_δ mit $\delta \neq 1$ durch die Bilder η_δ der Räume F_δ, so erhält man nach (12.1.1) wieder eine bösartige Relation minimaler Länge, wenn man gleichzeitig η_1 zu einem Koeffizienten η_1' geeignet abändert. η_1' denken wir uns durch einen anisotropen Raum E_1' über C repräsentiert. Der Raum

$$F := \underset{\delta \neq 1}{\perp}\, (\delta) \otimes (F_\delta \otimes L)$$

ist ersichtlich anisotrop und stellt keine Einheiten dar. F ist zu dem anisotropen Raum $-E_1' \otimes L$ ähnlich, also sogar isomorph (s. 8.2.1, falls L dyadisch). Daher stellt E_1' keine Einheiten dar. $E_1' \otimes k$ ist hyperbolisch (und $2 \in \mathfrak{m}$), im Widerspruch zu $\eta_1' \notin W(C, \mathfrak{m})$. q.e.d.

Definition 12.1.4. $W(k)\langle Q(L)\rangle$ bezeichne das Tensorprodukt von $W(k)$ mit dem Gruppenring $\mathbb{Z}[Q(L)]$ über $\mathbb{Z}[Q(C)]$. Wir schreiben die Elemente dieses Ringes als endliche Summen von Ausdrücken $\xi\langle\lambda\rangle$ mit $\xi \in W(k)$, $\lambda \in L^*$ und den Relationen $\langle\lambda\rangle = \langle\lambda\mu^2\rangle$, $\xi\langle\varepsilon\lambda\rangle = (\varepsilon)\,\xi\langle\lambda\rangle\{\lambda, \mu \in L^*, \xi \in W(k), (\varepsilon) = $ Quadratklasse zu $\varepsilon \in C^*\}$. $W(k)\langle Q(L)\rangle$ ist zu dem Gruppenring $W(k)[\Gamma/2\Gamma]$ — unkanonisch — isomorph: Man wähle zu der von v induzierten Surjektion $Q(L) \twoheadrightarrow \Gamma/2\Gamma$ von $\mathbb{F}_2$-Vektorräumen einen additiven Schnitt $s : \Gamma/2\Gamma \to Q(L)$. Dieser induziert einen $W(k)$-Algebren-Isomorphismus von $W(k)[\Gamma/2\Gamma]$ auf $W(k)\langle Q(L)\rangle$.

Aus den Hilfssätzen 12.1.1 bis 12.1.3 folgt unmittelbar:

Theorem 12.1.5. *Es gibt eine exakte Sequenz*

$$0 \to W(C, \mathfrak{m}) \xrightarrow{i} W(L) \xrightarrow{\Psi} W(k)\langle Q(L)\rangle \to 0$$

mit der kanonischen Injektion i und einem Ringhomomorphismus Ψ, der die Reduktionsabbildung $W(C) \to W(k)$ fortsetzt und jedes Element (λ) mit $\lambda \in L^*$ auf $\langle\lambda\rangle$ abbildet.

Bemerkung 12.1.6. Ist C beliebiger Bewertungsring endlicher Höhe h, so kann man jetzt die Wittringe der Restklassenkörper $k(\mathfrak{p})$ {= Quotientenkörper $C_\mathfrak{p}/\mathfrak{p} C_\mathfrak{p}$ von $C/\mathfrak{p}$} sämtlicher Primideale $\mathfrak{p}$ von C zueinander in Beziehung setzen: Nach Theorem 12.1.5 erhält man für die Lokalisierung $C_\mathfrak{q}$ nach dem minimalen Primideal $\mathfrak{q} \neq 0$ von C eine exakte Sequenz

$$0 \to W(C_\mathfrak{q}, \mathfrak{q} C_\mathfrak{q}) \to W(L) \to W(k(\mathfrak{q}))\langle Q(L)\rangle \to 0.$$

Dabei ist übrigens $\mathfrak{q} C_\mathfrak{q} = \mathfrak{q}$ und $W(C_\mathfrak{q}, \mathfrak{q}) = W(C, \mathfrak{q})$, wie man leicht verifiziert. Dann bilde man, sofern $h > 1$ ist, die entsprechende Sequenz zu dem Bewertungsring $C/\mathfrak{q}$ der Höhe $h - 1$, etc.

12.2. Wir betrachten zwei Spezialfälle von Theorem 12.1.5. Ist k dyadisch und vollkommen, so schreibt sich unsere Sequenz so:

$$(12.2.1) \qquad 0 \to W_0(C) \xrightarrow{i} W(L) \to \mathbb{Z}_2[\Gamma/2\Gamma] \to 0.$$

Ist k nichtdyadisch und gilt über C das Henselsche Lemma für quadratische Polynome, so ist $W(C, \mathfrak{m}) = 0$ (s. 7.1.3), also $W(L)$ zu $W(k)[\Gamma/2\Gamma]$ isomorph. {Vgl. [Sp]$_1$, [Sch]$_1$. Die Voraussetzung „Höhe $= 1$" kann gestrichen werden, da $W(C, \mathfrak{m}) = 0$ von vornherein Ideal in $W(L)$ ist.}[4] Genauer gilt über einem Bewertungsring C der Höhe 1

Satz 12.2.2. *Folgende Aussagen sind gleichwertig:*

a) $\Psi: W(L) \twoheadrightarrow W(k)\langle Q(L)\rangle$ *ist bijektiv,*

b) *Jedes Element aus $1 + \mathfrak{m}$ ist Quadrat in C.*

Beweis. Nach Th. 12.1.4 bedeutet a) daß $W(C, \mathfrak{m}) = 0$ ist. Das ist gleichwertig zu

c) Ist für einen binären Raum E über C der Raum $E \otimes k$ metabolisch, so auch $E \otimes L$.

---

4 Auf diesen Satz hat mich schon vor langer Zeit Herr A. Dress hingewiesen.

Die Gleichwertigkeit von c) und b) ist evident, da ein binärer Raum über einem Körper genau dann metabolisch ist, wenn seine signierte Determinante 1 ist.   q.e.d.

§ 13. Die projektive Gerade

13.1. Lokal metabolische Räume. In diesem ganzen Paragraphen sei das Schema Y eine vollständige reguläre irreduzible algebraische Kurve (s. [EGA] II, § 7.4). k bezeichne den Konstantenkörper zu Y, L den Funktionenkörper, d.h. den Halm $\mathcal{O}_\xi$ im generischen Punkt ξ. Mit X bezeichnen wir einen offenen Teil von Y. Ist $X \neq Y$, so ist X affin und der zugehörige Ring $\Gamma(X, \mathcal{O}_Y)$ ein Dedekindring.

Sei E ein nichtausgearteter Raum über X. Dann gibt es zu jedem Teilraum W von E_ξ genau einen Teilraum V von E mit $V_\xi = W$. {Siehe Anfang von § 11. Denkt man sich die Halme E_x, $x \in X$, als Teilmengen von $E_\xi = E_x \otimes L$, so muß $V_x = E_x \cap W$ sein.} Insbesondere sind die folgenden Aussagen gleichwertig:

(a) $E \otimes L$ ist metabolisch

(b) E ist lokal metabolisch, d.h. es gibt eine offene Überdeckung $\{X_\alpha\}$ von X, so daß alle $E \,|\, X_\alpha$ metabolisch sind.

(c) E besitzt einen Teilraum V mit $V^\perp = V$.

$N(X)$ bezeichne den Halbring der Isomorphieklassen lokal metabolischer Räume über X und $WN(X)$ den Quotienten $KN(X)/KM(X)$, also den von $N(X)$ in $W(X)$ additiv erzeugten Ring. Im Falle $X \neq Y$ ist $WN(X) = 0$ [s. (b) $\Leftrightarrow$ (c)]. Allgemein gilt [s. (a) $\Leftrightarrow$ (b)]

Satz 13.1.1 (vgl. 11.1.1). *$WN(X)$ ist der Kern der kanonischen Abbildung von $W(X)$ nach $W(L)$.*

Den Quotienten

$$(13.1.2) \qquad \widetilde{W}(X) := W(X)/WN(X)$$

fassen wir gewöhnlich als Teilring von $W(L)$ auf. Die Abbildung (v, d) aus § 4.2 faktorisiert nach (4.1.1) über eine — ebenfalls mit (v, d) bezeichnete — additive Abbildung

$$(13.1.3) \qquad (v, d): \widetilde{W}(X) \twoheadrightarrow \mathbb{Z}_2 \circ Q(X).$$

Satz 13.1.4. *Ist k algebraisch abgeschlossen oder vollkommen und dyadisch, so ist diese Abbildung (13.1.3) bijektiv.*

Beweis. Sogar die Abbildung $(v, d)\colon W(L) \twoheadrightarrow \mathbb{Z}_2 \circ Q(L)$ ist injektiv, denn ein anisotroper Raum F über L hat höchstens die Dimension 2 und stellt dann jedes Element aus L^* dar (s. [L]), ist also durch $d(F)$ bis auf Isomorphie bestimmt.   q.e.d.

Zu einer Beschreibung von $WN(Y)$ liefert diese Arbeit nur für die projektive Gerade einen Beitrag. Dann ist $WN(Y) = 0$ (s. 13.2.2). Doch wollen wir kurz erläutern, daß schon für elliptische Kurven über algebraisch abgeschlossenem k die Gruppe $WN(Y)$ unendlich ist.

Sei Z beliebiges *eigentliches* Schema über einem Körper k. Mit $P(Z)$ bezeichnen wir die Halbgruppe der Isomorphieklassen der lokalfreien $\mathcal{O}_Z$-Moduln von endlichem Typ (Verknüpfung: $\oplus$). Wir zitieren die beiden folgenden, von Atiyah bzw. Grothendieck bewiesenen Sätze:

Theorem 13.1.5 ([At]). *In $P(Z)$ gilt der Satz von Krull-Schmidt, Jedes Element ω ist Summe endlich vieler unzerlegbarer Elemente, die durch ω bis auf die Reihenfolge eindeutig bestimmt sind.*

Theorem 13.1.6 ([G], Prop. 3.1). *Ist k nichtdyadisch und algebraisch abgeschlossen, so ist die durch das Vergessen der Bilinearformen entstehende Abbildung*

$$v\colon S(Z) \to P(Z)$$

injektiv.

Liegt ein Element ω von $P(Z)$ in $vS(Z)$, so müssen in der Krull-Schmidt-Zerlegung von ω duale unzerlegbare Elemente ζ, ζ^* in gleicher Multiplizität auftreten. Andererseits wird $vM(Z)$ von den Elementen $\zeta + \zeta^*$ additiv erzeugt. Wir erhalten also — bei nichtdyadischen algebraisch abgeschlossenem k — eine kanonische Injektion

$$(13.1.7) \qquad\qquad \bar{v}\colon W(Z) \hookrightarrow \mathbb{Z}_2^{(\Lambda)}$$

in den freien $\mathbb{Z}_2$-Modul über der Menge Λ der selbstdualen Elemente von $P(Z)$. Das Bild von $\bar{v}$ umfaßt das Erzeugnis der Elemente ungerader Dimension aus Λ, denn es gilt über einem beliebigen nichtdyadischen Körper

Hilfssatz 13.1.8. *Ist ein unzerlegbarer lokalfreier $\mathcal{O}_Z$-Modul E von ungerader Dimension zu E^* isomorph, so trägt E nichtausgeartete symmetrische Bilinearformen.*

Beweis. Zu einem Isomorphismus φ von E auf E^* betrachten wir in $\mathrm{Hom}\,(E, E^*)$ die Gleichung

$$2\,\varphi = (\varphi + {}^t\varphi) + (\varphi - {}^t\varphi)\,.$$

Da $\mathrm{Hom}\,(E, E)$ ein (nichtkommutativer) lokaler Ring ist ([At], Lemma 6), muß $\varphi + {}^t\varphi$ oder $\varphi - {}^t\varphi$ ein Isomorphismus sein. E besitzt also eine symmetrische oder alternierende nichtausgeartete Bilinearform. Der zweite Fall scheidet bei ungerader Dimension aus. q.e.d.

Nach diesen Vorbereitungen kommen wir zu unserem

Beispiel 13.1.9. Sei Y eine reguläre irreduzible vollständige Kurve vom Geschlecht 1 über nichtdyadischem algebraisch abgeschlossenem k. Zu jeder Dimension >0 gibt es genau $|_2\mathrm{Pic}\,Y| = 4$ unzerlegbare selbstduale Elemente in $P(Y)$ ([At]$_1$, S. 432, 433). Der $\mathbb{Z}_2$-Vektorraum $W(Y)$ hat daher die Dimension $\aleph_0$. Nach Satz 13.1.4 hat $\widetilde{W}(Y)$ die Dimension 3 und somit auch $WN(Y)$ die Dimension $\aleph_0$.

13.2. Räume über $\mathbb{P}^1_k$. Zunächst sei Y noch eine beliebige vollständige reguläre irreduzible Kurve. Als Grad $\deg \mathscr{L}$ eines inversiblen $\mathcal{O}_Y$-Moduls $\mathscr{L}$ bezeichnen wir wie üblich den Grad des Divisors zu einem globalen meromorphen Schnitt von $\mathscr{L}$.

Hilfssatz 13.2.1. $\mathscr{L}_1$, $\mathscr{L}_2$ *seien inversible Teilräume eines Raumes* E *über* Y *(evtl.* $\mathscr{L}_1 = \mathscr{L}_2$*). Ist* $\deg \mathscr{L}_1 + \deg \mathscr{L}_2 > 0$, *so ist* $\mathscr{L}_1$ *zu* $\mathscr{L}_2$ *orthogonal. Ist* $\deg \mathscr{L}_1 + \deg \mathscr{L}_2 = 0$, *so ist* $\mathscr{L}_1$ *zu* $\mathscr{L}_2$ *orthogonal oder steht zu* $\mathscr{L}_2$ *unter der Bilinearform* B *von* E *in Dualität.*

Beweis. B liefert eine lineare Abbildung von $\mathscr{L}_1$ in $\mathscr{L}_2^*$, also einen globalen Schnitt von $F := \mathscr{H}\!om\,(\mathscr{L}_1, \mathscr{L}_2^*) \cong \mathscr{L}_1^* \otimes \mathscr{L}_2^*$. Ist $\deg \mathscr{L}_1 + \deg \mathscr{L}_2 > 0$, so ist $\Gamma(Y, F) = 0$. Ist $\deg \mathscr{L}_1 + \deg \mathscr{L}_2 = 0$ und $\Gamma(Y, F) \neq 0$, so muß $F \cong \mathcal{O}_Y$ sein, also $\mathscr{L}_1 \cong \mathscr{L}_2^*$ und $\Gamma(Y, F)$ über k eindimensional. Die Behauptung ist evident. q.e.d.

N.B. Es wurde nicht benötigt, daß B symmetrisch oder nichtausgeartet ist.

Für den Rest dieses Abschnitts sei Y die projektive Gerade $\mathbb{P}^1_k$ über einem beliebigen Körper k (s. [EGA] II, 2.4.3, 7.4.14) und $f\colon Y \to \mathrm{Spec}\,(k)$ der zugehörige Strukturmorphismus.

Theorem 13.2.2 (Vgl. [H], Satz 3.5). *Jeder nichtausgeartete Raum* E *über* $\mathbb{P}^1_k$ *hat eine Zerlegung*

$$(13.2.2.1) \qquad E \cong f^*(F) \perp M_1 \perp \cdots \perp M_t$$

mit einem Raum F über k und metabolischen binären M_i. Die kanonische Abbildung $W(k) \to W(\mathbb{P}^1_k)$ ist bijektiv. Jeder lokal metabolische Raum über $\mathbb{P}^1_k$ ist metabolisch.

Beweis. E ist als Modul direkte Summe inversibler Teilmoduln (s. [G]). Seien U^+, U^-, U° die von den Summanden $\mathscr{L}$ mit $\deg \mathscr{L} > 0$, $\deg \mathscr{L} < 0$, $\deg \mathscr{L} = 0$ aufgespannten Teilräume. Nach dem vorigen Hilfssatz ist U^+ zu $U^+ + U^\circ$ orthogonal. Ferner ist nach Theorem 13.1.5 der Modul U^+ zu dem Dualmodul von U^- isomorph, insbesondere also $\dim U^+ = \dim U^-$. Die Bilinearform von E stiftet eine Surjektion

$$U^- \xrightarrow{\sim} E/U^\circ + U^+ \twoheadrightarrow U^{+*}.$$

Diese ist nach dem Lemma von Nakayama sogar bijektiv, d.h. U^- steht zu U^+ in Dualität. E ist orthogonale Summe des metabolischen Raumes $U^+ + U^-$ und eines Raumes F, der als Modul in inversible Moduln vom Grade Null zerlegbar ist. Wieder mit Hilfssatz 13.2.1 zerlegt man F orthogonal in eindimensionale und hyperbolische zweidimensionale Räume. Ein inversibler $\mathscr{O}_Y$-Modul vom Grad Null ist frei. Daher ist $Q(Y) = \Gamma(Y, \mathscr{O}_Y)_2$, also unter f^* zu $Q(k)$ isomorph. Wir haben die Zerlegbarkeit (13.2.2.1) bewiesen, sowie die Surjektivität von $W(k) \to W(Y)$. Die Injektivität ist evident, weil Y rationale Punkte besitzt. Ist schließlich E lokal metabolischer Raum über Y, so ist insbesondere die Faser $E(\mathfrak{p})$ in einem rationalen Punkt $\mathfrak{p}$ metabolisch, also in der Zerlegung (13.2.2.1) der Raum F metabolisch (vgl. 8.2.1, falls k dyadisch). q.e.d.

Nebenbei sei angemerkt, daß aufgrund der Zerlegbarkeit (13.2.2.1) und des Satzes 13.1.5 in $S(\mathbb{P}^1_k)$ bei nichtdyadischem k die Kürzungsregel gilt.

13.3. Die Hindernisse $\partial_\mathfrak{p}$. Jetzt sei Y wieder eine beliebige vollständige reguläre irreduzible Kurve und X ein offener Teil davon. X_a bezeichne die Menge der abgeschlossenen Punkte von X.

Wir denken uns zu jedem $\mathfrak{p} \in Y_a$ ein Primelement $\pi_\mathfrak{p}$ von $\mathscr{O}_\mathfrak{p}$ fest gewählt. Alle auftretenden Räume seien nicht ausgeartet.

Hilfssatz 13.3.1. *Für die Bilder der Halbringe $S(X)$ und $S(\mathscr{O}_\mathfrak{p})$, $\mathfrak{p} \in X_a$, in $S(L)$ gilt*

$$\operatorname{Im} S(X) = \bigcap_{\mathfrak{p} \in X_a} \operatorname{Im} S(\mathscr{O}_\mathfrak{p}).$$

Zum Beweis. Das ist im Falle $X \neq Y$ elementare Gittertheorie über Dedekindringen (vgl. [OM] 81:14). Sei $X = Y$ und V ein Raum über L, der zu jedem $\mathfrak{p} \in Y_a$ ein unimodulares $\mathcal{O}_\mathfrak{p}$-Gitter (stets von vollem Rang) enthält. Wir überdecken Y durch zwei offene affine Mengen X_1, X_2. Es gibt einen Raum E_1 über X_1 mit $E_{1\xi} \cong V$. Da $E_{1\xi}$ auch zu jedem $\mathfrak{p} \in X_{2a}$ ein unimodulares Gitter enthält, läßt sich $E_1 | X_1 \cap X_2$ zu einem Raum E_2 über X_2 fortsetzen. E_1 und E_2 ergeben zusammen einen Raum E über Y mit $E_\xi \cong V$.

Beispiel 13.3.2. $Q(X)$ injiziert sich in $Q(L)$, denn ein eindimensionaler Raum über L enthält zu jedem $\mathfrak{p} \in Y_a$ höchstens ein unimodulares $\mathcal{O}_\mathfrak{p}$-Gitter. Als Untergruppe von $Q(L)$ besteht $Q(X)$ aus den Quadratklassen (f) mit $f \in L^*$, f von gerader Ordnung an allen $\mathfrak{p} \in X_a$.

Hilfssatz 13.3.3. *V und W seien äquivalente Räume über L. Enthält V zu einem $\mathfrak{p} \in Y_a$ ein unimodulares $\mathcal{O}_\mathfrak{p}$-Gitter E, so auch W.*

Beweis. Sei $E = F \perp M$ mit anisotropem F und metabolischem M. Ein Kernraum U von W ist zu $F \otimes L$ isomorph. Es ist $W = U \perp U'$ mit metabolischem U', in dem man ebenfalls leicht ein unimodulares $\mathcal{O}_\mathfrak{p}$-Gitter findet.   q.e.d.

Aus den Hilfssätzen 13.3.1 und 13.3.3 folgt in $W(L)$ die Beziehung (s. Def. 13.1.2)

$$(13.3.4) \qquad \widetilde{W}(X) = \bigcap_{\mathfrak{p} \in X_a} W(\mathcal{O}_\mathfrak{p}).$$

Um zu entscheiden, ob ein $\xi \in W(L)$ in $W(\mathcal{O}_\mathfrak{p})$ liegt, wende man eine von $\pi_\mathfrak{p}$ abhängige Abbildung

$$(13.3.5) \qquad \partial_\mathfrak{p} \colon W(L) \twoheadrightarrow W(k(\mathfrak{p}))$$

an, die wie folgt definiert ist: Man repräsentiere ξ durch einen Raum V über L, suche darin ein $\mathcal{O}_\mathfrak{p}$-Gitter der Gestalt $E \perp (\pi_\mathfrak{p}) \otimes F$ mit unimodularen E, F und setze $\partial_\mathfrak{p} \xi$ gleich dem Bild von $F/\pi_\mathfrak{p} F$ in $W(k(\mathfrak{p}))$. Nach Theorem 12.1.5 ist $\partial_\mathfrak{p}$ eine wohldefinierte Abbildung mit Kern $W(\mathcal{O}_\mathfrak{p})$. Anstelle von $\partial_\mathfrak{p} \xi$ schreiben wir auch $\partial_\mathfrak{p} V$. Aus dem bisherigen (13.3.1, 13.3.3, 13.3.4) folgt unmittelbar

Satz 13.3.6. *Ein Element (V) von $S(L)$ liegt genau dann im Bild von $S(X)$, wenn $\partial_\mathfrak{p} V = 0$ ist für alle $\mathfrak{p} \in X_a$. Die Sequenz*

$$0 \to \widetilde{W}(X) \to W(L) \overset{(\partial_\mathfrak{p})}{\to} \coprod_{\mathfrak{p} \in X_a} W(k(\mathfrak{p}))$$

ist exakt.

13.4. Offene Teile von $\mathbb{P}^1_k$. Wir wollen die nichtausgearteten Räume über einem echten offenen Teil X von $Y := \mathbb{P}^1_k$ studieren. S bezeichne das endliche Komplement $Y \backslash X$. Der folgende Gedankengang stammt von Herrn G. Harder und wird hier, ebenso wie das spätere Theorem 13.4.8, mit seiner freundlichen Genehmigung wiedergegeben.

Hilfssatz 13.4.1. *Zu jedem Raum E über X gibt es einen evtl. ausgearteten Raum $\tilde{E}$ über Y mit $\tilde{E}|X \cong E$, so daß jeder Halm $\tilde{E}_{\mathfrak{p}}$, $\mathfrak{p} \in S$, die Gestalt $F'_{\mathfrak{p}} \perp (\pi_{\mathfrak{p}}) \otimes F''_{\mathfrak{p}}$ mit nichtausgearteten Räumen $F'_{\mathfrak{p}}$, $F''_{\mathfrak{p}}$ über $\mathcal{O}_{\mathfrak{p}}$ hat.*

Zum Beweis. Es genügt, nach Fortlassen eines abgeschlossenen Punktes $\mathfrak{p}_0$ die Einschränkung $E|X \backslash \mathfrak{p}_0$ auf das affine Schema $Y \backslash \mathfrak{p}_0$ geeignet fortzusetzen. Das ist aufgrund elementarer Gittertheorie möglich, vgl. [OM] 81:14.

Sei ein nichtausgearteter Raum E einer Dimension $r > 0$ über X gemäß diesem Hilfssatz auf Y fortgesetzt. Die Bilinearform von $\tilde{E}$ induziert eine exakte Sequenz

$$0 \to \tilde{E} \to \tilde{E}^* \to N \to 0$$

von kohärenten $\mathcal{O}_Y$-Moduln, wobei N auf die Menge S konzentriert ist. Für die Euler-Charakteristik

$$\chi(\tilde{E}) := \dim H^0(Y, \tilde{E}) - \dim H^1(Y, \tilde{E})$$

über k gilt aufgrund einer schwachen Version des Satzes von Riemann-Roch (z.B. [At]$_1$, S. 420)

$$\chi(\tilde{E}) = \deg \overset{r}{\wedge} \tilde{E} + r.$$

Ebenso ist

$$\chi(\tilde{E}^*) = -\deg \overset{r}{\wedge} \tilde{E} + r.$$

Schließlich gilt mit den Bezeichnungen $r''_{\mathfrak{p}} := \dim F''_{\mathfrak{p}}$ und $\deg \mathfrak{p} := [k(\mathfrak{p}) : k]$ ersichtlich

$$\chi(N) = \dim H^0(Y, N) = \sum_{\mathfrak{p} \in S} r''_{\mathfrak{p}} \deg \mathfrak{p}.$$

Da die Wechselsumme dieser Euler-Charakteristiken Null ist, muß $\deg \overset{r}{\wedge} \tilde{E} = -\tfrac{1}{2} \chi(N)$ sein, somit

$$(13.4.2) \qquad \chi(\tilde{E}) = r - \tfrac{1}{2} \sum_{\mathfrak{p} \in S} r''_{\mathfrak{p}} \deg \mathfrak{p}.$$

Theorem 13.4.3 (Harder). *Sei k beliebig, t eine Unbestimmte. Zu jedem nichtausgearteten anisotropen Raum E über $k[t]$ existiert ein Raum F über k mit $E \cong F \otimes k[t]$. Insbesondere ist $W(k[t])$ zu $W(k)$ kanonisch isomorph.*

Beweis. Das ist der Fall $S = \{\mathfrak{p}\}$ mit $\deg \mathfrak{p} = 1$. Nach (13.4.2) ist $\chi(\tilde{E}) > 0$. Daher besitzt $\tilde{E}$ einen globalen Schnitt $s \neq 0$. Dessen Norm $n(s)$ liegt in $\Gamma(Y, \mathcal{O}_Y) = k$ und ist wegen der Anisotropie von E nicht Null. Man spalte von E den eindimensionalen Raum $\mathcal{O}_Y s$ ab und setze das Verfahren fort.   q.e.d.

Ähnlich zeigt man etwas allgemeiner

Satz 13.4.4. *Ist die Summe der Grade aller $\mathfrak{p} \in S$ höchstens 2, so ist jeder anisotrope Raum E über X orthogonal zerlegbar in eindimensionale Räume.*

Zum Beweis. Der Fall $S = \emptyset$ geht wie zuvor und wurde auf andere Weise in § 13.2 erledigt. Es bleiben die Fälle $S = \{\mathfrak{p}\}$ mit $\deg \mathfrak{p} = 2$ und $S = \{\mathfrak{p}_1, \mathfrak{p}_2\}$ mit $\deg \mathfrak{p}_1 = \deg \mathfrak{p}_2 = 1$. Jetzt kann in (13.4.2) die rechte Seite Null sein. Doch dann multipliziere man E mit einer Quadratklasse über X, deren Bild in $Q(L)$ durch ein $f \in L^*$ repräsentiert wird mit Divisor $\mathfrak{p} - 2\mathfrak{p}_0$, $\mathfrak{p}_0$ beliebig rational, bzw. $\mathfrak{p}_1 - \mathfrak{p}_2$. Für den so modifizierten Raum kann man in (13.4.2) rechts den Wert $r > 0$ erzielen.

Wir wollen aus Theorem 13.4.3 eine „Summenformel" für die Hindernisfunktionen $\partial_{\mathfrak{p}}$ aus § 13.3 herleiten. Zunächst müssen wir in jedem Halm $\mathcal{O}_{\mathfrak{p}}$, $\mathfrak{p} \in Y_a$, ein Primelement $\pi_{\mathfrak{p}}$ fixieren, bez. dessen $\partial_{\mathfrak{p}}$ definiert wird. Wir wählen eine feste Erzeugende t von L über k und bezeichnen die Polstelle der rationalen Funktion t auf Y mit ∞. Zu jedem abgeschlossenen Punkt $\mathfrak{p} \neq \infty$ haben wir genau ein normiertes irreduzibles Polynom $p(t)$ in $k[t]$ mit Divisor $\mathfrak{p} - (\deg \mathfrak{p}) \infty$. Ist $p(t) = t - \alpha$ mit $\alpha \in k$, so schreiben wir für $\mathfrak{p}$ auch α. Wir fixieren $\pi_{\mathfrak{p}} = p(t)$ für $\mathfrak{p} \neq \infty$ und $\pi_\infty = -t^{-1}$.

Hilfssatz 13.4.5. *Zu vorgegebenem $\mathfrak{q} \in Y_a$, $\mathfrak{q} \neq \infty$ und $\eta \in W(k(\mathfrak{q}))$ gibt es ein $\xi \in W(L)$ mit $\partial_{\mathfrak{q}} \xi = \eta$, $\partial_{\mathfrak{p}} \xi = 0$ für alle $\mathfrak{p} \neq \mathfrak{q}$, ∞ und, falls $\deg \mathfrak{q} = 1$ ist, überdies $\partial_\infty \xi = -\eta$.*

Beweis durch Induktion nach $\deg \mathfrak{q}$. Ist $\mathfrak{q} = \alpha$ rational, so leistet das Element $\xi := (t - \alpha) \eta$ das Verlangte. Sei $\deg \mathfrak{q} > 1$ und $q(t)$ das Primpolynom zu $\mathfrak{q}$. Wir können uns auf den Fall beschränken, daß η eine Quadratklasse von $k(\mathfrak{q}) = k[t]/(q(t))$ ist. Wir suchen ein Polynom $a(t)$ vom Grad $< \deg \mathfrak{q}$, dessen Bild in $k(\mathfrak{q})$

unser η repräsentiert. Die Quadratklasse $\xi' := (a(t)\,q(t))$ von L hat neben $\partial_q \xi' = \eta$ nur in Punkten $\mathfrak{p}$ mit $\deg \mathfrak{p} < \deg \mathfrak{q}$ von Null verschiedene Hindernisse. Aufgrund der Induktionsvoraussetzung gibt es ein $\zeta \in W(L)$ mit $\partial_\mathfrak{p} \zeta = \partial_\mathfrak{p} \xi'$ für alle $\mathfrak{p} \neq \mathfrak{q}, \infty$ und $\partial_q \zeta = 0$. Das Element $\xi := \xi' - \zeta$ leistet das Verlangte.   q.e.d.

Aufgrund dieses Hilfssatzes konstruieren wir zu jedem $\mathfrak{q} \in Y_a$ eine Abbildung

$$(13.4.6) \qquad\qquad v_\mathfrak{q} \colon W(k(\mathfrak{q})) \to W(k)$$

wie folgt: v_∞ sei die Identität. Ist $\mathfrak{q} \neq \infty$, so suche man zu vorgegebenem $\eta \in W(k(\mathfrak{q}))$ ein $\xi \in W(L)$ mit $\partial_q \xi = \eta$, $\partial_q \xi = 0$ für $\mathfrak{p} \neq \mathfrak{q}, \infty$ und setze $v_\mathfrak{q} \eta = -\partial_\infty \xi$. Nach Theorem 13.4.3 kann ξ nur um Summanden aus $W(k)$ variiert werden. $v_\mathfrak{q} \eta$ hängt also nicht von der Wahl von ξ ab (jedoch von der Wahl von t). Diese Abbildung $v_\mathfrak{q}$ ist $W(k)$-linear und für rationales $\mathfrak{q}$ — wieder nach Hfs. 13.4.5 — die Identität.

Bemerkung 13.4.7. Zu $\eta = 1$ kann man $\xi = (q(t))$ wählen mit dem Primpolynom $q(t)$ zu $\mathfrak{q}$. Man sieht: $v_\mathfrak{q}(1) = 1$, falls $\deg \mathfrak{q}$ ungerade, und $= 0$, falls $\deg \mathfrak{q}$ gerade. Im ersten Falle ist $v_\mathfrak{q}$ ein Rechtsinverses zu der kanonischen Abbildung $W(k) \to W(k(\mathfrak{q}))$. Wir erhalten nebenher den wohlbekannten Satz ([Sp], s. auch [Sch]), daß für eine endliche Körpererweiterung K/k von ungeradem Grade sich $W(k)$ in $W(K)$ injiziert.

Theorem 13.4.8 (Harder). (i) *Für jedes $\xi \in W(L)$ gilt*

$$(*) \qquad\qquad \sum_{\mathfrak{p} \in Y_a} v_\mathfrak{p}\, \partial_\mathfrak{p} \xi = 0.$$

(ii) *Zu endlich vielen $\mathfrak{p}_i \in Y_a$ und $\eta_i \in W(k(\mathfrak{p}_i))$, $1 \leq i \leq r$, mit $\sum_1^r v_{\mathfrak{p}_i}\, \eta_i = 0$ gibt es ein $\xi \in W(L)$ mit $\partial_{\mathfrak{p}_i} \xi_i = \eta_i$ $(1 \leq i \leq r)$ und $\partial_\mathfrak{p} \xi = 0$ sonst.*

Wir haben also eine exakte Sequenz

$$0 \to W(k) \to W(L) \xrightarrow[(\partial_\mathfrak{p})]{} \coprod_\mathfrak{p} W(k(\mathfrak{p})) \xrightarrow[\Sigma v_\mathfrak{p}]{} W(k) \to 0.$$

Beweis. (ii) folgt sofort aus Hfs. 13.4.5 und der Definition der $v_\mathfrak{p}$. Damit ist aber auch (i) klar: Nach (ii) gibt es ein $\xi' \in W(L)$, für das $(*)$ gilt und $\partial_\mathfrak{p} \xi' = \partial_\mathfrak{p} \xi$ ist für alle $\mathfrak{p} \neq \infty$. Das Element $\xi - \xi'$ liegt in $W(Y \setminus \mathfrak{p})$, also nach Th. 13.4.3 in $W(k)$. Somit gilt $(*)$ auch für ξ.   q.e.d.

Als wichtiges offenes Problem bleibt die explizite Berechnung der $v_{\mathfrak{p}}$.[5]

Wir untersuchen mit Hilfe des Theorems 13.4.8 für einige offene Mengen X von $\mathbb{P}^1_k$, ob $W(X)$ diagonalisierbar ist (s. § 4.3). S bezeichne das Komplement $Y \backslash X$.

Beispiel 13.4.9. S besteht nur aus rationalen Punkten. Dann ist $W(X)$ diagonalisierbar.

Beweis. Sei OE $S = \{\infty, \alpha_1, \ldots, \alpha_r\}$ mit $r \geq 1$. Theorem 13.4.8 liefert eine exakte Sequenz

$$0 \to W(k) \to W(X) \overset{\partial}{\longrightarrow} \coprod_{S \backslash \infty} W(k) \to 0.$$

$Q(X)$ wird als Untergruppe von $Q(L)$ erzeugt von $Q(k)$ und den Quadratklassen $(t - \alpha_1), \ldots, (t - \alpha_r)$ (s. 13.3.2). Man sieht sofort, daß schon $\mathbb{Z}Q(X)$ unter ∂ auf $\coprod_{S \backslash \infty} W(k)$ abgebildet wird, also mit $W(X)$ übereinstimmen muß.   q.e.d.

Beispiel 13.4.10. $S = \{\mathfrak{p}\}$ mit $\deg \mathfrak{p}$ ungerade. $W(X)$ ist genau dann diagonalisierbar, wenn die — nach (13.4.7) injektive — kanonische Abbildung $W(k) \to W(k(\mathfrak{p}))$ auch surjektiv ist.

Beweis. Die exakte Sequenz

$$0 \to W(k) \to W(X) \overset{\partial_{\mathfrak{p}}}{\to} W(k(\mathfrak{p})) \overset{v_{\mathfrak{p}}}{\to} W(k)$$

liefert unter Beachtung von $\mathbb{Z}Q(X) = W(k)$ (s. 13.3.2), daß $W(X)$ genau dann diagonalisierbar ist, wenn $v_{\mathfrak{p}}$ injektiv ist. Die Behauptung folgt mit (13.4.7).   q.e.d.

Beispiel 13.4.11. $S = \{\infty, \mathfrak{q}\}$ mit $\mathfrak{q} \neq \infty$. $W(X)$ ist genau dann diagonalisierbar, wenn die kanonische Abbildung $W(k) \to W(k(\mathfrak{q}))$ surjektiv ist.

Beweis. $Q(X)$ wird von $Q(k)$ und der Quadratklasse des Primpolynoms zu $\mathfrak{q}$ erzeugt. Man beachte die exakte Sequenz

$$0 \to W(k) \to W(X) \overset{\partial_{\mathfrak{q}}}{\to} W(k(\mathfrak{q})) \to 0.$$

§ 14. Weitere Beispiele diagonalisierbarer Wittringe

14.1. Quaternionenräume. $\mathrm{Br}(X)$ bezeichne die Brauergruppe eines Schemas X, d.h. die Gruppe der Ähnlichkeitsklassen der

---

5 *Zusatz bei der Korrektur.* Diese ergibt sich bei einem neuen Beweis für Th. 13.4.8 von W. Scharlau, s. seine demnächst erscheinende Arbeit „Reciprocity laws for quadratic forms", Th. 3.1.

Azumaya-Algebren über X (s. [GB] I), und $R(X)$ die Teilmenge der Ähnlichkeitsklassen zu den Azumaya-Algebren vom Rang 4, die wir als *Quaternionenalgebren* bezeichnen. Auf jeder Quaternionenalgebra $\mathfrak{A}$ über X haben wir eine Minimalspur $S\colon \mathfrak{A}\to\mathcal{O}_X$ (s. [GB] I, S. 15, „trace reduite"), einen Antiautomorphismus $z\mapsto\bar{z}:=S(z)-z$ $(z\in\mathcal{O}_p,\,p\in X)$, schließlich eine nichtausgeartete Bilinearform

$$(14.1.1)\qquad B(x,y):=S(x\bar{y})\qquad(x,y\in\mathfrak{A}_p,\,p\in X).$$

Die so entstehenden Räume nennen wir *Quaternionenräume*.

Im Hinblick auf die späteren Beispiele sei X ab jetzt *regulär und irreduzibel von der Dimension* 1 mit nichtdyadischem Halm $L:=\mathcal{O}_\xi$ im generischen Punkt ξ. In dieser Situation bleiben § 13.3 und der Anfang von § 13.1 richtig. Wir übernehmen die dort vereinbarten Bezeichnungen. Die kanonische Abbildung von $\mathrm{Br}(X)$ nach $\mathrm{Br}(L)$ ist injektiv ([A—G], Th. 7.2; [GB] II, Cor. 1.10), a fortiori also die von $R(X)$ nach $R(L)$. Da über L ähnliche Quaternionenalgebren isomorph sind, liefert der Übergang zu den Bilinearformen eine — bekanntlich injektive — Abbildung $h_L\colon R(L)\hookrightarrow W(L)$. Andererseits injiziert sich auch $\widetilde{W}(X)$ in $W(L)$. Wir erhalten durch Einschränkung von h_L eine Injektion $h_X\colon R(X)\hookrightarrow\widetilde{W}(X)$, d.h. ähnliche Quaternionenalgebren über X haben lokal isometrische Bilinearräume.

$R'(X)$ bezeichne den Durchschnitt von $\widetilde{W}(X)$ mit dem Bild $R'(L)$ von h_L. Nach (13.3.4) gilt

$$(14.1.2)\qquad R'(X)=\bigcap_{p\in X_a} R'(\mathcal{O}_p).$$

Lemma 14.1.3. *Ist X nichtdyadisch, so ist $R'(X)$ das Bild von $R(X)$ unter h_X.*

Beweis. Die Quaternionenalgebra $\mathfrak{A}$ über L repräsentiere ein Element aus $R'(X)$. Dann enthält $\mathfrak{A}$ zu jedem $p\in X_a$ ein unimodulares $\mathcal{O}_p$-Gitter (s. 13.3.3). Wir wollen eine Quaternionenalgebra $\mathfrak{B}$ über X mit $\mathfrak{B}_p\cong\mathfrak{A}$ konstruieren. Aufgrund elementarer Gittertheorie genügt es zu zeigen, daß jede Komplettierung $\widehat{\mathfrak{A}}_p$, $p\in X_a$, eine Quaternionenalgebra über $\widehat{\mathcal{O}}_p$ enthält (vgl. Beweis von 13.3.1). Das ist evident, falls $\widehat{\mathfrak{A}}_p$ zerfällt. Andernfalls bilden die $x\in\widehat{\mathfrak{A}}_p$ mit Norm $x\bar{x}=\tfrac{1}{2}B(x,x)\in\widehat{\mathcal{O}}_p$ eine Ordnung $\widehat{\mathfrak{B}}_p$ (z.B. [Dr], S. 100), die unimodular sein muß, da $\widehat{\mathfrak{A}}_p$ überhaupt höchstens ein unimodulares

Gitter enthält ([E], Satz 9.4, [OM] 91:1). Die Reduktion $\hat{\mathfrak{B}}_\mathfrak{p} \otimes k(\mathfrak{p})$ hat nichtausgeartete Minimalspur, ist also Quaternionenalgebra. Daher ist auch $\hat{\mathfrak{B}}_\mathfrak{p}$ Quaternionenalgebra.   q.e.d.

Bemerkung 14.1.4. Die Quaternionenalgebren sind sogar nichtausgeartete *quadratische* Räume („quadratic space" [Ba], S. 144). Das Analogon zu Lemma 14.1.3 bleibt auch bei dyadischem X richtig in dem ähnlich (13.1.2) definierten Quotienten $\widetilde{W}q(X)$ der Wittgruppe $Wq(X)$ der nichtausgearteten quadratischen Räume auf X (Def. s. [Ba] S. 144 für X affin). Nebenher erhält man unter Beachtung des Analogons zu (14.1.2) für $\widetilde{W}q(X)$:

$$(14.1.4.1) \qquad\qquad R(X) = \bigcap_{\mathfrak{p} \in X_a} R(\mathcal{O}_\mathfrak{p}).$$

(Vgl. [GB] II, Prop. 2.3, [A-G], Prop. 7.4.)

Lemma 14.1.5. *L sei algebraischer Zahlkörper, Ω die Menge seiner Primstellen, S eine endliche Teilmenge, die alle archimedischen Primstellen enthält. C sei der Ring $\mathfrak{O}^S$ der Elemente von L, die an allen Primstellen aus $\Omega \backslash S$ ganz sind.*

Behauptung. $R'(C) = R'(2^{-\infty}C)$.

Beweis. Nach (14.1.2) genügt es zu zeigen, daß für gerades $\mathfrak{p} \in \Omega$ {$\mathfrak{p}$ diskret und Teiler von 2} $R'(C_\mathfrak{p}) = R'(L)$ ist, also daß jede Quaternionenalgebra $\mathfrak{A}$ über L ein unimodulares $C_\mathfrak{p}$-Gitter enthält. Wir können dazu zur Komplettierung $\hat{\mathfrak{A}}_\mathfrak{p}$ übergehen. Zerfällt diese, so ist die Behauptung klar. Andernfalls enthält $\hat{\mathfrak{A}}_\mathfrak{p}$ ein $\hat{C}_\mathfrak{p}$-Gitter der Gestalt $M \perp (\pi) \otimes M$ mit $\pi = $ Primelement von $\hat{C}_\mathfrak{p}$, $M = $ Maximalordnung der unverzweigten quadratischen Erweiterung $\hat{K}_\mathfrak{p}$ von $\hat{L}_\mathfrak{p}$ unter der analog (14.1.1) definierten Bilinearform ([E], Satz 9.7). Nun ist $M \cong A(2, 2\varrho)$ mit geeignetem $\varrho \in \hat{C}_\mathfrak{p}^*$ ([E], S. 37 unten). $\hat{\mathfrak{A}}_\mathfrak{p}$ enthält ein Gitter $A(2, 2\varrho) \perp A(2\pi^{-1}, 2\pi\varrho)$.   q.e.d.

14.2. Wir betrachten einige Beispiele, in denen $\widetilde{W}(X)$ von $Q(X)$ und $R'(X)$ additiv erzeugt wird.

14.2.1. X sei nichtdyadisch. Über L sei jeder 5-dimensionale Raum isotrop, also jeder 4-dimensionale Raum universell {z. B. X Kurve über einem C_1-Körper}. Zu zwei Quaternionenalgebren $\mathfrak{A}_1$, $\mathfrak{A}_2$ über L ist $\mathfrak{A}_1 \perp \mathfrak{A}_2$ isometrisch zu $\mathfrak{A}_3 \perp 2 \times H$ mit einer weiteren Quaternionenalgebra $\mathfrak{A}_3$. Vergleich der Cliffordalgebren zeigt, daß $\mathfrak{A}_3$ zu der Algebra $\mathfrak{A}_1 \otimes \mathfrak{A}_2$ ähnlich ist. $R(L)$ ist also Untergruppe von $\mathrm{Br}(L)$ und h_L ist additiv. Ferner ist $R'(L)\,W_0(L) = 0$. A fortiori ist $R(X)$ eine Gruppe, h_X additiv und $R'(X)$ ein Ideal von $\widetilde{W}(X)$, das von dem Kern $\widetilde{W}_0(X)$ des Dimensionsindexes ν (s. 13.1.3) annulliert wird. Schließlich ist $\widetilde{W}(X) = \mathbb{Z}Q(X) + R'(X)$. Zum Beweis addiere man zu einem vorgegebenen nichtausgearteten Raum E über X den Raum $-\,d(E)$ oder $(-1)\perp d(E)$, so daß man einen Raum F mit $\nu(F) = 0$, $d(F) = 1$ erhält. F liefert in $W(L)$ ein Element aus $R'(L) \cap \widetilde{W}(X)$, also $R'(X)$.

Ist X offener Teil einer vollständigen irreduziblen regulären Kurve Y über einem endlichen nichtdyadischen Körper k (für dyadisches k. s. 13.1.4), so ist aufgrund der Klassenkörpertheorie $R(X)$ im Falle $X = Y$ Null und sonst ein $\mathbb{Z}_2$-Vektorraum der Dimension $s - 1$ mit $s = $ Anzahl der Punkte von $Y\backslash X$. {Man beachte (14.1.4.1) und $\mathrm{Br}(\widehat{\mathscr{O}}_{\mathfrak{p}}) \cong \mathrm{Br}(k(\mathfrak{p})) = 0$ für alle $\mathfrak{p}\in Y_a$, s. z.B. [A-G], Th. 6.5.} Ist $s \leq 1$, so ist $\widetilde{W}(X)$ also diagonalisierbar. Für $s \geq 2$ braucht das nicht der Fall zu sein (s. 13.4.11). Der Kern der Abbildung (ν, d) aus § 4.2 berechnet sich zu $W_0(X)^2 + R'(X)$ (vgl. [Pf], Beweis von Satz 13) und ist dann wegen $W_0(X)^2 \subset \mathbb{Z}Q(X)$ echt größer als $W_0(X)^2$.

14.2.2. Sei jetzt X eine reguläre irreduzible Kurve über dem Körper $\mathbb{R}$ der reellen Zahlen. Die Menge $X(\mathbb{R})$ der reellen Punkte von X zerfällt in der von der Riemannschen Fläche $X(\mathbb{C})$ induzierten „starken Topologie" in Zusammenhangskomponenten $Z_1, \ldots, Z_r$ ($r = 0$, falls $X(\mathbb{R})$ leer). Für einen nichtausgearteten Raum E über X ist die Signatur $\tau_x(E)$ der Faser $E(x)$, $x\in X(\mathbb{R})$, über $k(x) = \mathbb{R}$ (Überschuß an „positiven Quadraten") eine bez. der starken Topologie lokal konstante Funktion, also auf jedem Z_i ($1 \leq i \leq r$) eine Konstante $\tau_i(E)$. [Man betrachte Zariski-lokale Orthogonalbasen. Für offenes $U \subset X$ liefert ein $f\in\Gamma(U, \mathscr{O}_X)$ eine in der starken Topologie stetige reellwertige Funktion auf $U(\mathbb{R})$.] Nach Witt ([W], Satz 23) ist ein $\xi\in\widetilde{W}(X)$ durch die Werte $\nu(\xi)$, $d(\xi)$, $\tau_i(\xi)$ ($1 \leq i \leq r$) eindeutig festgelegt. Weiter besagt der Satz III' aus [W]$_1$ gerade: $R(X) = \mathrm{Br}(X)$; zu beliebig vorgegebenen Signaturen $4k_i$ ($1 \leq i \leq r$) gibt es genau ein $\xi\in R'(X)$ mit $\tau_i(\xi) = 4k_i$ für alle i. Man verifiziert nun wieder leicht, daß $\widetilde{W}(X)$ von $Q(X)$ und $R'(X)$ erzeugt wird: Zu vorgegebenem nichtausgearteten Raum E über X gelangt man durch Addition von $-\,d(E)$ oder $(-1)\perp d(E)$ zu einem Raum F mit $\nu(F) = 0$, $d(F) = 1$ und somit durch 4 teilbaren Signaturen $\tau_i(F) = 4k_i$. Addiert man zu F die Räume

$|k_i| \times (\pm \mathfrak{A}_i)$ zu den Quaternionenalgebren $\mathfrak{A}_i$ mit $\tau_j(\mathfrak{A}_i) = 4\delta_{ij}$, so erhält man einen lokalhyperbolischen Raum.

Für $r = 0$ ist $\widetilde{W}(X)$ diagonalisierbar, ebenso für $r = 1$, denn dann ist $\mathrm{Br}(X) = \mathbb{Z}_2[-1, -1]$ mit der Hamiltonschen Algebra $[-1, -1]$.

Problem 14.2.3 (vgl. § 13.4). Sei $\mathfrak{p}$ rationaler Punkt einer vollständigen regulären Kurve über dem Körper k. Ist die Restriktionsabbildung $W(Y) \to W(Y \backslash \mathfrak{p})$ surjektiv? Das ist jedenfalls wahr, wenn k algebraisch abgeschlossen, vollkommen und dyadisch oder endlich ist, weil $W(Y \backslash \mathfrak{p})$ dann diagonalisierbar (13.1.4, 14.2.1) und $Q(Y) \to Q(Y \backslash \mathfrak{p})$ surjektiv ist (s. 13.3.2), ebenso für $k = \mathbb{R}$, weil auch $R(Y) \to R(Y \backslash \mathfrak{p})$ dann surjektiv ist.

14.2.4. Sei C ein Zahlring $\mathfrak{O}^S$ wie in Lemma 14.1.5 beschrieben. Seien v_i ($1 \leq i \leq r$, evtl. $r = 0$) die reellen Primstellen und $\mathfrak{p}_0$ eine feste gerade Primstelle von L. Weiter bezeichne α_i das Element in $W(C)$ zu der Quaternionenalgebra, die genau an den Stellen $\mathfrak{p}_0$, v_i nicht zerfällt (s. 14.1.5). Mit der Theorie von Hasse-Minkowski sieht man, daß die Gruppe $_2\widetilde{\mathrm{Br}}(2^{-\infty}C)$ der Ähnlichkeitsklassen aller Quaternionenalgebren über $2^{-\infty}C$, die an den reellen Stellen zerfallen, unter h_L additiv auf ein Ideal $R''(C)$ von $W(C)$ mit $R''(C)W_0(C) = 0$ abgebildet wird, und weiter:

$$(14.2.4.1) \qquad W(C) = \mathbb{Z}Q(C) + R''(C) + \sum_1^r \mathbb{Z}\alpha_i.$$

[Vgl. 14.2.2, 14.2.1. Man lese die τ_i in 14.2.2 jetzt als die Signaturen an den v_i.]

14.3. Wir benutzen (14.2.4.1), um $W(C)$ für einige besonders einfache Zahlringe als additive Gruppe explizit anzugeben. $[a, b]$ bezeichne die Quaternionenalgebra mit den Strukturkonstanten $a, b \in L^*$, also mit dem Bilinearraum $(2) \otimes (1, -a) \otimes (1, -b)$. Dieser ist zu $(1, -a) \otimes (1, -b)$ isomorph, weil das Element 2 totalpositiv ist.

14.3.1. C sei der Ring der ganzen Zahlen eines imaginär quadratischen Zahlkörpers L. Ist die Primzahl 2 in C zerlegt, so ist $_2\mathrm{Br}(2^{-\infty}C) = \mathbb{Z}_2[-1, -1]$. Anderenfalls ist diese Gruppe Null. $W(C)$ und $W(2^{-\infty}C)$ sind diagonalisierbar.

Hat $\mathrm{Pic}(C)$ ungerade Ordnung, so ist $W(C) = \mathbb{Z}(1) \cong \mathbb{Z}_4$, außer im Falle $C = \mathbb{Z}[\sqrt{-1}]$. Dann ist $W(C) = \mathbb{Z}(1) \oplus \mathbb{Z}(\sqrt{-1}) \cong \mathbb{Z}_2 \oplus \mathbb{Z}_2$.

14.3.2. Hat L nur eine reelle Primstelle, so tritt in (14.2.4.1) im letzten Term nur die Algebra $[-1, -1]$ auf. Also ist $W(C) = \mathbb{Z}Q(C) + R''(C)$. Für $C = \mathbb{Z}$ ergibt sich, da $\tilde{\mathrm{Br}}(2^{-\infty}\mathbb{Z}) = 0$ ist:

$$W(\mathbb{Z}) = \mathbb{Z}(1) \cong \mathbb{Z}$$

$$W(2^{-\infty}\mathbb{Z}) = \mathbb{Z}(1) \oplus \mathbb{Z}[(2) - (1)] \cong \mathbb{Z} \oplus \mathbb{Z}_2.$$

Das zu $W(\mathbb{Z}) = \mathbb{Z}(1)$ gleichwertige Resultat $K(\mathbb{Z}) = \mathbb{Z}(1) \oplus \mathbb{Z}(-1) \cong \mathbb{Z} \oplus \mathbb{Z}$ findet sich schon bei Serre ([Se]).

14.3.3. $C = p^{-\infty}\mathbb{Z}$, p Primzahl $\equiv 3 \bmod 4$. Das Legendre-Symbol $\left(\frac{-1}{p}\right)$ ist -1. Daher ist $_2\tilde{\mathrm{Br}}(2^{-\infty}C) = \mathbb{Z}_2[-1, p]$ und wir erhalten

$$W(p^{-\infty}\mathbb{Z}) = \mathbb{Z}(1) \oplus \mathbb{Z}[(p) - (1)] \cong \mathbb{Z} \oplus \mathbb{Z}_4.$$

Auch $W(2p)^{-\infty}\mathbb{Z})$ ist diagonalisierbar.

14.3.4. $C = p^{-\infty}\mathbb{Z}$, p Primzahl $\equiv 5 \bmod 8$. Immerhin ist $\left(\frac{-2}{p}\right) = -1$, daher $_2\tilde{\mathrm{Br}}(2^{-\infty}C) = \mathbb{Z}_2[-2, p]$. Der Raum zu $[-2, p]$ über L enthält ein C-unimodulares Gitter $(1, -p) \perp M$ mit $M \cong A\left(2, \frac{1-p}{2}\right)$. Wir erhalten

$$W(p^{-\infty}\mathbb{Z}) = \mathbb{Z}(1) \oplus \mathbb{Z}[(p) - (1)] \oplus \mathbb{Z}(M) \cong \mathbb{Z} \oplus \mathbb{Z}_2 \oplus \mathbb{Z}_2.$$

$W(C)$ ist nicht diagonalisierbar, wohl aber $W(2^{-\infty}C)$. Der Kern der Abbildung (v, d) auf $W(C)$ (s. § 4.2) ist $\neq W_0(C)^2$.

14.3.5. $C = p^{-\infty}\mathbb{Z}$, p Primzahl $\equiv 1 \bmod 8$. Sei l eine Primzahl mit $l \equiv 3 \bmod 4$ und $\left(\frac{l}{p}\right) = -1$, also $\left(\frac{-p}{l}\right) = +1$. Es ist $_2\tilde{\mathrm{Br}}(2^{-\infty}C) = \mathbb{Z}_2[-p, l]$. In dem Raum (l, pl) über $\mathbb{Q}$ haben wir zu beliebig gewähltem $x \in \mathbb{Z}$ mit $x^2 \equiv -p \bmod l$ ein unimodulares C-Gitter

$$M \cong \begin{pmatrix} l & x \\ x & l^{-1}(x^2 + p) \end{pmatrix}.$$

Wir erhalten
$$W(p^{-\infty}\mathbb{Z}) = \mathbb{Z}(1) \oplus \mathbb{Z}[(p) - (1)] \oplus \mathbb{Z}[(M) - (p) - (1)] \cong \mathbb{Z} \oplus \mathbb{Z}_2 \oplus \mathbb{Z}_2.$$
Man sieht leicht, daß neben $W(C)$ auch $W(2^{-\infty}C)$ nicht diagonalisierbar ist.

— 155 —

Literatur

[A-G] Auslander, M., Goldman, O.: The Brauergroup of a commutative ring. Trans. Amer. Math. Soc. **97**, 367—409 (1960).

[At] Atiyah, M. F.: On the Krull-Schmidt-theorem with application to sheaves. Bull. Soc. Math. France **84**, 307—317 (1956).

[At]$_1$ — Vector bundles over an elliptic curve. Proc. London Math. Soc. (3), **7**, 414—452 (1957).

[Ba] Bass, H.: Lectures on topics in algebraic K-theory. Tata Inst. Fund. Res. Bombay 1967.

[Bl] Blij, F. van der: An invariant of quadratic forms mod 8. Indag. Math. **21**, 291—293 (1959).

[B] Bourbaki, N.: Algèbre Chap. 9, Formes sesquilinéaires et formes quadratiques. Paris: Hermann 1959.

[B]$_1$ — Algèbre commutative. Chap. 2: Localisation. Paris: Hermann 1961.

[B]$_2$ — Algèbre commutative. Chap. 6: Valuations. Paris: Hermann 1964.

[C-E] Cartan, H., Eilenberg, S.: Homological algebra. Princeton Univ. Press 1956.

[Ch] Chevalley, C.: The algebraic theory of spinors. New York: Columbia Univ. Press 1954.

[De] Delzant, A.: Définition des classes de Stiefel-Whitney d'un module quadratique de characteristique differente de 2. C. R. Acad. Sci. **255**, 1366—1368 (1962).

[Dr] Deuring, M.: Algebren, Ergebn. d. Math. IV 1. Berlin: Springer 1935.

[D] Dieudonné, J.: La géométrie des groupes classiques, 2. Ed. Berlin-Göttingen-Heidelberg: Springer 1963.

[Du] Durfee, W. H.: Congruence of quadratic forms over valuation rings. Duke Math. J. **11**, 687—697 (1944).

[E] Eichler, M.: Quadratische Formen und orthogonale Gruppen. Berlin-Göttingen-Heidelberg: Springer 1952.

[EGA] Grothendieck, A., Dieudonné, J.: Eléments de géométrie algébrique I, II, III$_1$, ... Publ. Math. IHES No 4, 8, 11, ... (1960...).

[G] — Sur la classification des fibres holomorphes sur la sphère de Riemann. Amer. J. Math. **79**, 121—138 (1957).

[G]$_1$ — La théorie des classes de Chern. Bull. Soc. math. France **86**, 137—154 (1958).

[GB] — Le groupe de Brauer I, II. Sém. Bourbaki 1964/65, No 290, No 297.

[H] Harder, G.: Halbeinfache Gruppenschemata über vollständigen Kurven. Invent. math. **6**, 107—149 (1968).

[J] Jehne, W.: Die Struktur der symplektischen Gruppe über lokalen und dedekindschen Ringen. Sitzungsber. Heidelberger Akad. Wiss. 1962—1964, 3. Abh., S. 189—235. Berlin-Göttingen-Heidelberg: Springer 1964.

[Kl] Klingenberg, W.: Orthogonale Gruppen über lokalen Ringen. Amer. J. Math. **83**, 281—320 (1961).

[Kn] Knebusch, M.: Isometrien über semilokalen Ringen. Math. Z. **108**, 255—268 (1969).

[K] Kneser, M.: Klassenzahlen indefiniter quadratischer Formen in drei und mehr Veränderlichen. Arch. Math. **7**, 323—332 (1956).

[L]   Lang, S.: On quasi-algebraic closure. Ann. Math. **55**, 373—390 (1952).

[OM]   O'Meara, O. T.: Introduction to quadratic forms. Berlin-Göttingen-Heidelberg: Springer 1963.

[Pf]   Pfister, A.: Quadratische Formen in beliebigen Körpern. Invent. math. **1**, 116—132 (1966).

[R]   Roy, A.: Cancellation of quadratic forms over commutative rings. J. Algebra **10**, 286—298 (1968).

[Sch]   Scharlau, W.: Zur Pfisterschen Theorie der quadratischen Formen. Invent. math. **6**, 327—328 (1969).

[Sch]$_1$ — Quadratische Formen und Galois-Cohomologie. Invent. math. **4**, 238—264 (1967).

[Se]   Serre, J. P.: Formes bilinéaires symétriques entières à discriminant ± 1. Sém. Cartan 1961/62, Exp 14.

[Se]$_1$ — Modules projectifs et éspaces fibrés á fibre vectorielle. Sém. Dubreil-Pisot, 1957/58, No 23.

[SGAA]VII Grothendieck, A.: Site et topos étales d'un préschéma. Sém. Inst. Htes Et. Sci. 1963/64, Cohomologie étale des schémas Exp. VII.

[SGAD]IV Demazure, M.: Topologies et faisceaux. Sém. Inst. Htes Et. Sci. 1963/64, Schémas en groupes Exp. IV.

[Sp]   Springer, T. A.: Sur les formes quadratiques d'indice zero. C. R. Acad. Sci. **234**, 1517—1519 (1952).

[Sp]$_1$ — Quadratic forms over fields with a discrete valuation I. Indag. Math. **17**, 352—362 (1955).

[TDTE]I Grothendieck, A.: Technique de descente et théorèmes d'existence en géométrie algébrique I. Sém. Bourbaki 1959/60, No 190.

[W]   Witt, E.: Theorie der quadratischen Formen in beliebigen Körpern. J. reine angew. Math. **176**, 31—44 (1937).

[W]$_1$ — Zerlegung reeller algebraischer Funktionen in Quadrate, Schiefkörper über reellem Funktionenkörper. J. reine angew. Math. **171**, 4—11 (1934).

Sitzungsberichte der Heidelberger Akademie der Wissenschaften
Mathematisch-naturwissenschaftliche Klasse
Erschienene Jahrgänge